天然手作麵包101道

100%安全食材，清楚易懂步驟圖，享受自家烘焙的安心與健康

給第一次 **做麵包的朋友**

　　麵包多變、健康，實用又迷人，而製做麵包是能帶來最多成就感，也最能與人分享的嗜好之一。

　　看到現在麵包食譜、麵包課程如此受到大眾的歡迎，很難相信以前我撰寫巧手系列食譜時，當時的出版社原本希望取消其中的「巧手做麵包」一書，他們認為買麵包便宜又方便，做麵包卻非常麻煩，所以麵包食譜應該沒有市場。

　　其實做麵包真的不難，更不容易失敗，大眾認為做麵包很難，可能是來自這三個原因：

1. 材料、工具、設備不足。例如沒有好酵母、好麵粉和基本可用的烤箱，做麵包當然很難，沒有攪拌缸則會很費力。

2. 做麵包需要時間。雖然真正「做」的時間沒多少，但麵包是發酵食品，發酵需要較長的時間，心急的人就覺得一直在等等等，不能隨做隨吃——其實這倒是做麵包的額外好處，能培養我們做事有計畫、有耐性的美德。

3. 要求「像外面賣的一樣」。
   市售的麵包都由有經驗的專家所生產，總有值得我們學習之處，但並非一定要「像外面賣的一樣」才是成功的麵包，因為所有的發酵食品都是「活」的，麵包當然也是，即使完全遵守相同的配方和做法，也會因為酵母的品種、麵粉的品質、溫度溼度、烤箱構造不同，而做出不同的成品。

　　其實麵包只要有發酵、烤熟不烤焦，都是好吃的，大可不必為了小小的不同而覺得失敗，更重要的是，追求「像外面賣的一樣」真的好嗎？

　　市售麵包有些「優點」根本不是優點，例如像蛋糕般的輕盈鬆軟、濃郁驚人的香味、冷藏多日也不變硬　這些並不是發酵麵食的正常狀態，絕非來自優良的食材和高明的技術，而是來自添加物、非天然材料、工業機械生產流程。

通常這些添加物和非天然材料是合法的，但麵包是主食，很多人天天吃、大量的吃，累積下來是否還無害？

可是想吃到完全不含添加物的麵包，除了自己做以外別無它法，市售麵包，即使標榜「天然」的高價品，也都有添加物，事實上當業界的這一端開始炒作「天然酵母」麵包時，那一端就開始熱賣「天然酵母麵包香料」，不知情的消費者願意為天然麵包多花的錢，其實只是多買了一種新的香料。

本書就是為了想學做麵包但不想使用添加物的讀者而寫，本書也是為了喜愛每一種麵包的讀者而寫，無論是鬆軟香甜的點心麵包，或是健康樸拙的主食麵包，每一種都是人類飲食文化的珍貴結晶，都是本書不能捨棄的內容。

我希望您能在書裡找到很多喜愛的麵包，能夠從簡單到複雜、一步一步地成功做出來，請您仔細閱讀「開始製作前必讀」單元並立刻開始試做，相信您很快就能享受到烘焙的樂趣，並帶給家人、朋友無數美味的麵包和更健康的飲食生活。

周淑玲

周淑玲，民國 50 年生，台灣省桃園縣人。

師範大學家政教育系學士，師範大學家政教育研究所碩士，

一直擔任中學專任家政教師至今，並以撰寫食譜、教授美食為樂。

第一本食譜是民國 79 年出版的「沁涼小館」。

民國 94 年為教學而建立部落格「周老師的美食教室」，並與國內外同好朋友分享烘焙和各種中西式點心的心得。出版暢銷書 --- **周老師的美食教室「輕蛋糕」、「手創餅乾 101 道」周老師的美食教室**。

http://homeeconomics.pixnet.net/blog

http://blog.yam.com/homeeconomics

BREAD LOAF
土司

「土司」或「吐司」，原為toast的音譯，是指把麵包片烤到香脆，或烤過的麵包片，不過在台灣大家都稱切片食用的長條麵包為土司，不管是否再烤過。

土司是主食，成份越低越好，除了麵粉和水以外，其它材料應該要少，才能與各種食物搭配；為了在低成份的限制下保持較長的食用期限，它的製做技術發展得非常成熟，所以學習做麵包最好從土司開始，可以建立比較完整的基礎。

成份最低的土司是白土司或全麥土司，不含奶、蛋，糖油量也很少；如果把水份換成牛奶，糖油量略增，就是牛奶土司或全麥牛奶土司。不管含不含牛奶，兩者的製做技術差不多，但牛奶土司更容易成功而且受歡迎，所以先介紹它的做法。

除了書末詳細說明的攪拌、發酵、烤焙等重要流程外，土司因為需用烤模，所以比做一般麵包更需注意最後發酵程度，才能烤出剛好滿模的方正漂亮的土司；如果發酵不足，烤出來上方四個邊是圓的，如果發酵過度，麵團甚至會從蓋子縫裡擠出來像舌頭一樣，浪費材料又難看。

本書使用的土司烤模有兩種，都是不用塗油的不沾材質：
1. 帶蓋900克土司模，上方內徑 325×107×122mm。
2. 不帶蓋450克土司模，上方內徑 197×106×110mm。

讀者如果使用不同的烤模，只要知道是多少克的土司模，或測量長寬高再計算其內容量，即知需要多少麵團。

使用帶蓋土司模，麵團最後發酵要發到八、九分滿。這說法很籠統，事實上也很難說得更精確，因為即使每次都發酵到相同高度，烤出來的結果也不一定相同，會隨著麵團的配方、溫度、總發酵時間、室溫等改變。

通常，最後發酵時膨脹越快的麵團，就是不到一小時就發到八分滿的麵團，八分滿就可以烤焙了；最後發酵慢的麵團要發到九分滿才烤焙。若還是沒把握，記得「不及」比「過頭」來得好，畢竟上邊線較圓的土司也不錯，總比發過頭擠出舌頭來的好。

家用烤箱的溫度不太準確，不同質地的烤模導熱性也不同，所以第一次烤焙帶蓋土司，不能完全信賴食譜的烤溫和時間，但也不能一直開蓋察看顏色，要等有香氣飄出後才能看，顏色太淺就繼續烤；幸好帶蓋土司幾乎都可以整體均勻上色，很少有上下顏色差異太大的情況。

如果第一次烤帶蓋土司，烤很久才上色，下次請提高烤溫；如果不到40分鐘就上色夠深，就把電源關掉，讓土司留在烤箱裡至少到40分鐘，以免太早出爐內部不夠熟，下次就要記得降低烤溫。

註：有很多高成份的麵團也用土司模烤，例如甜麵團和裹油麵團，樣子像土司，但不屬於本篇的介紹範圍。

Milk loaf

牛奶土司

900 克 1 條

• **材料**

牛奶·············· 355 克
快發乾酵母··········· 5 克
高筋麵粉··········· 540 克
細白砂糖··········· 54 克
鹽················ 5 克
奶油·············· 54 克

• **模子**

帶蓋 900 克土司模 1 個

• **做法**

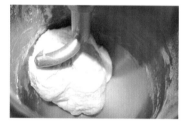

1 把牛奶到鹽等材料依序加入攪拌缸內，攪拌成團。

2 加入奶油，繼續攪打。

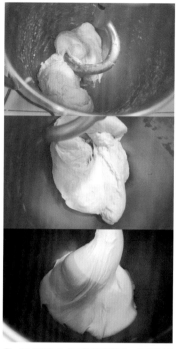

3 奶油融合後繼續攪打，麵團就會從粗糙轉變成光滑。

4 打到麵筋擴展即可，就是麵團可以拉成薄膜狀。

5 若太用力拉，薄膜將會破裂，若破洞的邊緣粗糙，就是只打到擴展初期。

6 若破洞的邊緣相當光滑，就是已經打到擴展後期，非常接近完成階段。打到這樣是相當理想的。

7 打好的麵團溫度最好是 26~28℃。

8 蓋好，基本發酵 1 小時半，會膨脹許多，而且輕按麵團會覺得非常鬆軟。

9 分割成 5 份，一份約 200 克。一一滾圓，鬆弛 20 分鐘左右。完整分割滾圓動作請見 DVD 示範。

10 擀成手掌張開般大的圓片。

11 三折。再鬆弛片刻。

12 一一擀長。

13 捲起來。

14 排在土司模裡,先排兩邊再排中間,然後排2、4兩個。

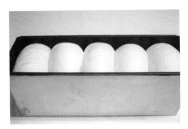

15 蓋上蓋子,最後發酵到八、九分滿,約需1小時到1小時半。

16 烤箱預熱到200℃,把模子放在最下層烤45分鐘,小心推開蓋子看看,見表皮金黃即可。若顏色太淺,可以再烤5分鐘。

17 出爐,抽掉蓋子,把土司倒出來,放在架上待涼,完全冷卻後才能切片或裝袋。

白土司的做法與牛奶土司相同，但是味道清淡，不甜不油，而且非常有彈性，能承受餡料，所以最適合做三明治。

自製白土司常會覺得麵包肉顏色灰黃，不如市售品潔白美觀，這才是正常的，因為麵粉的筋度越高就越不白，而白土司又不含奶類。

在麵團裡加少許白醋或檸檬汁有漂白的功能，也不會有明顯的酸味，精製的麵粉做的白土司也比較漂亮，但若能接受白土司自然的顏色更好，就不需要加醋或非得購買昂貴的麵粉不可。

這條白土司我沒有加蓋，烤成五峰土司。做五峰土司，每個麵團要平均放入模中，不要有的擠有的鬆，這樣五峰才會差不多高。以前白土司幾乎都加蓋烤焙，牛奶土司則不加蓋，以此識別，現在就比較隨興。

土司加蓋烤焙的優點是形狀方正、質地細密、不易變形；不加蓋烤焙的好處是最後發酵程度有彈性、質地蓬鬆、比較省電。

如前所述，加蓋的土司一定要正確判斷最後發酵到什麼程度才能進爐烤焙，不加蓋土司就沒那麼嚴格，通常只要發酵到平模（麵團頂和模邊齊高）即可，烤出的土司高一點或矮一點，都不致於不好吃。

但是若發酵程度差太多也會有問題，太早進爐會太矮太扎實，太晚進爐雖然圓頂像蘑菇一樣很好看，但底部虛弱容易內彎。

烤焙不帶蓋土司，溫度比較低而時間比較短，而且只用下火。如果不能只用下火，表面會烤得很焦，請在烤上色後蓋張鋁箔紙以隔絕上火。

White loaf
白土司

Yoghurt loaf
半優酪土司

900克1條

900克1條

材料

水	330克
快發乾酵母	6克
高筋麵粉	580克
細白砂糖	30克
鹽	6克
白醋	5克
奶油	30克

材料

水	200克
無糖脫脂優酪乳	140克
快發乾酵母	6克
高筋麵粉	575克
細白砂糖	30克
鹽	6克
奶油	30克

模子

900克土司模1個

模子

900克土司模1個

• 做法

1　做法與牛奶土司完全相同，將麵團打到擴展，接近完成階段。

2　白土司麵團因為油量少，略有黏性，所以揉搓後看起來不太光滑，但可以把薄膜拉到很薄才破裂。

3　蓋好，在20℃下冷發3小時。冷發的白土司比較細緻，不過用一般方法，以28℃發酵1個半小時也可以。

4　依法分割、整形。

5　最後發酵1小時到1小時半。可以發到九分滿再蓋上蓋子烤焙，但示範照是發到平模，不蓋蓋子烤成五峰土司。

6　烤箱只開下火，預熱到180℃，在麵團表面噴水霧，放在最下層烤40分鐘左右。

7　烤到30分鐘以後表面才會開始著色。

8　出爐，把土司倒出來，躺放在架上待涼，這樣腰線比較不會內彎。冷卻後才能切片。

半優酪土司的做法與外形都和白土司相同，也是非常健康的主食土司。

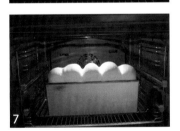

Milk loaf with raisins
葡萄乾
汽油桶土司

500克1條

● 材料

牛奶‧‧‧‧‧‧‧‧‧‧‧‧ 200克
快發乾酵母‧‧‧‧‧‧‧‧‧‧‧ 3克
高筋麵粉‧‧‧‧‧‧‧‧‧‧ 300克
細白砂糖‧‧‧‧‧‧‧‧‧‧‧ 30克
鹽‧‧‧‧‧‧‧‧‧‧‧‧‧‧‧ 3克
奶油‧‧‧‧‧‧‧‧‧‧‧‧‧ 30克

葡萄乾‧‧‧‧‧‧‧‧‧‧‧‧ 80克

● 模子

圓桶土司模1個，長22公分，
直徑12公分

● 做法

1 麵團打法與牛奶土司完全相同，直到基本發酵完成。

2 取出，擀成長方形。擀麵時，擀成中間薄兩邊厚，轉90度再擀成中間薄兩邊厚，自然就會變成方形或長方形。

3 撒葡萄乾，按緊。

4 捲起來，放入圓模中。

5 最後發酵到接近滿模（蓋上蓋子會壓到麵團頂部）。蓋上蓋子並且扣上。

6 烤箱預熱到200℃，把模子放在最下層烤35分鐘。

7 取出，散熱2、3分鐘才能扳開蓋扣，否則蓋子會急速彈開，有點危險。

周老師的 Special Tips

這種圓模中途不能打開察看顏色，所以要等一般帶蓋土司做熟了再嘗試。

Whole wheat milk loaf with walnuts

全麥核桃牛奶土司

全麥核桃麵包

450克 2條

材料

牛奶‥‥‥‥‥‥‥‥ 370克

快發乾酵母‥‥‥‥‥‥6克

高筋麵粉‥‥‥‥‥‥ 275克

高筋全粒麵粉‥‥‥‥ 275克

細白砂糖‥‥‥‥‥‥‥70克

鹽‥‥‥‥‥‥‥‥‥‥6克

奶油‥‥‥‥‥‥‥‥‥55克

核桃仁‥‥‥‥‥‥‥ 100克

模子

450克土司模2個

做法

1　把從牛奶到鹽的6種材料依序加入攪拌缸內，用低速攪拌。

2　攪成團後加入奶油，繼續攪打到麵筋擴展。

3　基本發酵1小時半。

4　分割成4份，一份約265克。一一滾圓，醒5分鐘。

5　擀成扁圓形，撒25克核桃，稍壓緊。

6　從兩邊往內捲。

7　再從單頭捲起。

8　排在土司模裡，最後發酵到高過模子，約需1小時到1小時半。

9　烤箱預熱到175℃，只開下火，放在最下層烤35~40分鐘。如果烤箱不能只開下火，土司表面可能會過焦，必需在烤焙中途蓋張鋁箔紙以隔熱。

10　出爐，把土司倒出來，側放在架上待涼。

變化
全麥核桃麵包　4條
本配方也可直接作成棒狀麵包，不用模子更方便。

1　把上述做法5中撒了核桃的麵團單向捲起來。

　排在鋪了烤盤布的烤盤上，最後發酵1小時，直到用手輕按覺得相當鬆軟。

3　烤箱預熱到180℃，放在中下層烤約20分鐘即可。

Condensed milk and red bean Loaf
煉乳紅豆土司

450克2條

- **材料**

牛奶土司麵團‥‥‥‥‥‥1份

煉乳‥‥‥‥‥‥‥‥‥適量

蜜紅豆粒‥‥‥‥‥‥‥300克

- **裝飾**

融化奶油少許，蛋水少許

- **模子**

450克土司模2個

- **做法**

1 麵團分割成6份，一一滾圓，鬆弛。

2 擀長，抹上適量煉乳，邊緣不要抹到。

3 撒50克蜜紅豆，捲起來。

4 每三捲排在一個模子裡。

5 用剪刀從中間剪開，深度約整個捲子的1/3。

6 最好在刀口刷點融化的奶油，以免刀口在發酵中途黏回去。

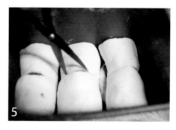

7 最後發酵到平模。

8 表面刷蛋水。

9 烤箱預熱到175℃，放在最下層烤35~40分鐘。

Black seasame loaf
黑芝麻土司

450克2條

材料

牛奶·············· 350克
快發乾酵母··········· 5克
高筋麵粉··········· 490克
黑芝麻粉············ 50克
細白砂糖············ 54克
鹽················· 5克
奶油··············· 54克

裝飾

黑、白芝麻··········· 適量

模子

450克土司模2個

做法

1 依法打好麵團、基本發酵。

2 分割成12份，一一滾圓。

3 表面沾黑、白芝麻。

4 每6個排在一個模子裡。

5 最後發酵及烤焙同煉乳紅豆土司。

Carrot loaf
胡蘿蔔土司

450克2條

• 材料

胡蘿蔔泥‥‥‥‥‥‥ 360克

快發乾酵母‥‥‥‥‥ 5.5克

高筋麵粉‥‥‥‥‥‥ 550克

細白砂糖‥‥‥‥‥‥ 40克

鹽‥‥‥‥‥‥‥‥‥ 5.5克

奶油‥‥‥‥‥‥‥‥ 70克

• 模子

450克土司模2個

• 做法

1　依法打好麵團、基本發酵。

2　分割成4份，一一滾圓。

3　一個模子放兩個麵團。

4　依法最後發酵並烤焙。

周老師的Special Tips

1. 胡蘿蔔泥是指把胡蘿蔔不加水打成泥。可用果汁機，但大概只能把胡蘿蔔打成碎屑狀，越碎越好；用榨汁機更好，但要連汁帶渣都用。

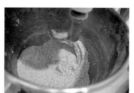
如果胡蘿蔔是碎屑狀，麵團一開始可能顯得很乾，甚至無法結合，就把它放置一段時間再開始真正的攪打步驟。要是還太乾，可以多加一大匙水，但不要加太多，因為胡蘿蔔的含水量其實比牛奶還高一點，加太多水，麵團最後會太溼。

2. 家用烤箱通常一次可以烤2條450克土司，若像圖中這樣一次烤3條甚至4條，溫度可以提高到180℃。

Purple rice loaf

紫米土司

900克1條

• 材料

水‧‧‧‧‧‧‧‧‧‧‧‧‧‧‧‧ 330克

快發乾酵母‧‧‧‧‧‧‧‧‧ 5.5克

高筋麵粉‧‧‧‧‧‧‧‧‧‧ 450克

紫香米粉‧‧‧‧‧‧‧‧‧‧ 100克

細白砂糖‧‧‧‧‧‧‧‧‧‧‧55克

鹽‧‧‧‧‧‧‧‧‧‧‧‧‧‧‧‧‧‧‧7克

奶油‧‧‧‧‧‧‧‧‧‧‧‧‧‧‧‧‧55克

• 模子

帶蓋900克土司模1個

• 做法

做法與第10頁牛奶土司相同。

周老師的 Special Tips

用紫香米粉做的土司香甜可口而且質感柔細，老化也慢，但是米粉沒有筋度，所以加越多、土司越容易變形，介意的話可以少用一點，例如以高筋麵粉 470 克和紫香米粉 80 克做的土司，保持形狀的能力就接近一般土司。紫香米粉可在網路上購得。

Oat loaf
燕麥土司

450克2條

• **材料**

水	340克
快發乾酵母	6克
高筋麵粉	480克
大燕麥片	100克
細白砂糖	55克
鹽	7克
沙拉油	55克

• **模子**

450克土司模2個

• **做法**

1. 做法與牛奶土司完全相同，大燕麥片也加入材料裡一起打成麵團。

2. 最後發酵完成後可以刷蛋水、切一刀、灑燕麥片做裝飾。

3. 烤箱預熱到175℃，只開下火，放在最下層烤35~40分鐘。如果烤箱不能只開下火，土司表面可能會過焦，必需在烤焙中途蓋張鋁箔紙以隔熱。

4. 出爐，把土司倒出來，側放在架上待涼。

Egg white loaf
蛋白土司

900克1條

• **材料**

蛋白‧‧‧‧‧‧‧‧‧‧‧‧‧ 220克

快發乾酵母‧‧‧‧‧‧‧‧‧‧‧5克

高筋麵粉‧‧‧‧‧‧‧‧‧‧ 525克

無糖鮮奶油‧‧‧‧‧‧‧ 175克

細白砂糖‧‧‧‧‧‧‧‧‧‧‧70克

鹽‧‧‧‧‧‧‧‧‧‧‧‧‧‧‧‧5克

白醋‧‧‧‧‧‧‧‧‧‧‧‧‧‧‧5克

（蛋白新鮮則不用）

• **模子**

帶蓋900克土司模1個

• **做法**

蛋白土司的做法和牛奶土司一
樣，只是成份高，烤溫可以降到
185℃，同樣烤45分鐘。

• 周老師的 Special Tips

配方裡加白醋或檸檬汁是為了
平衡蛋白的鹼性，如果所有蛋
白都很新鮮，鹼性就不強，就
不用加醋。

做麵包時常需要刷蛋水，我喜歡只用蛋黃調蛋水，剩下的蛋白只要裝在保
鮮盒裡冷藏或冷凍，很久都不會壞。

積存了6、7個蛋白以後，可以拿來做蛋白土司，就是用蛋白代替牛奶做
土司。蛋白土司的成份比牛奶土司更高，香甜可口，卻不會因為成份高而失去
彈性咬勁，這是因為蛋白雖然有90％是水，其它成份卻幾乎都是很有黏彈性
的蛋白質，所以蛋白土司的口感才會如此特殊，當然營養也非常豐富。

布里歐（Brioche）又譯做普利歐修，是一種法式奶油麵包，成份和可頌很接近，但它的大量奶油不是裹在麵團中摺疊，而是直接和入麵團裡。因為大量奶油不容易融入麵團中，所以配方中含有很多全蛋和蛋黃，可以幫助乳化。

布里歐土司不是真正的布里歐，只是我採取它油蛋量較多的特色設計的，非常Q軟，色香味都很迷人，最好直接吃，若再塗果醬奶油或夾餡做三明治就可惜了。當然它的熱量比一般土司高，不過和白土司塗奶油也差不多。

布里歐土司到後期發酵速度會越來越快，要小心不要發過頭了，也要早點開始預熱烤箱。

Brioche loaf
布里歐土司

450 克　2 條

- **材料**

牛奶‥‥‥‥‥‥‥‥ 170 克

快發乾酵母‥‥‥‥‥5.5 克

高筋麵粉‥‥‥‥‥‥ 550 克

無糖鮮奶油‥‥‥‥‥ 170 克

蛋‥‥‥‥‥‥‥‥‥‥2 個

細白砂糖‥‥‥‥‥‥ 60 克

鹽‥‥‥‥‥‥‥‥‥‥7 克

奶油‥‥‥‥‥‥‥‥‥ 60 克

- **模子**

450 克土司模 2 個

- **做法**

1　把從牛奶到鹽等 7 項材料加入攪拌缸內，用低速攪拌成團。

2　加入奶油，加快速度攪打。因為成份高，起先會像麵糊。

3　繼續打到擴展，就如絲緞般光滑，也能拉出很大片的薄膜。

4　蓋好，基本發酵 1 小時半。

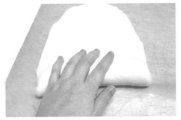

5　分割成兩份。其中一份擀成長圓形，捲起來。

6　放在土司模裡。

7　另一半再分成兩份，各自滾圓，排在一個土司模裡。

8　最後發酵到平模，約需 1 小時到 1 小時半。

9　烤箱預熱到 175℃，只開下火。

10　土司噴點水霧，放最下層烤約 38 分鐘。要烤到 28 分鐘左右表面才會開始上色。

11　出爐後立刻脫模，放在架上直到完全冷卻。

周老師的 Special Tips

相同的麵團，捲成一捲比分成兩團發酵的速度慢，所以若要同時烤兩種花樣，記得先做一捲的，再做雙峰土司。

Christmas Stollen
修多倫

在歐美的耶誕節糕點中，水果麵包是不可或缺的，通常成份非常高，製做方法也很講究，有的要費時數日。

這裡介紹的是用布里歐土司麵團做的簡易版修多倫（Stollen），以及用八角星模子（Pandoro）烤出來再變身成麵包耶誕樹，不但簡單、美觀，也更合我們的口味。

揉入麵團裡的蜜餞乾果可以自由選擇增減，只要自己喜歡即可，香料亦同，例如肉桂、薑粉、肉豆蔻或小豆蔻等皆可。如果蜜餞乾果有泡蘭姆酒，必需等量減少麵團裡的牛奶，以免太溼黏。

1 個

材料

布里歐土司麵團‥‥‥‥ 1/2 份
（加粉狀香料少許同打）
蜜餞乾果‥‥‥‥‥‥ 150 克

裝飾

融化奶油及糖粉‥‥‥‥ 適量

做法

1 把較大的蜜餞乾果類切丁。

2 揉入基發完成的麵團裡。用包、壓、折疊的手法，不要用力搓揉以免搓斷麵筋，變得軟軟爛爛。

3 拍成直徑 20 公分的圓餅，以掌緣從中間稍偏之處壓下。

4 對折，上小下大。

5 最後發酵 1 小時左右，直到用手輕按覺得非常虛軟即可。

6 烤箱預熱到 175°C，放中下層烤約 27 分鐘，上下都要烤到漂亮上色。

7 出爐，如有露在外面而烤焦的果子就剝掉。趁熱刷滿奶油。

8 篩滿糖粉。之後糖粉如果溼掉，再篩一次即可，修多倫表面本就應該有厚厚一層糖粉。

Christmas tree shaped fruit bread

水果麵包耶誕樹

水果麵包耶誕樹2個

- **材料**

  布里歐土司麵團⋯⋯⋯3/4份
  （2個蛋改成3個蛋黃，加粉狀
  香料少許同打）
  蜜餞乾果⋯⋯⋯⋯⋯ 200克

- **裝飾**

  糖珠、糖粉⋯⋯⋯⋯⋯ 少許

- **模子**

  八角星Pandoro模子2個，高
  12.5公分，容量1500c.c.

- **做法**

1 把基發完成的麵團分成兩半。

2 各揉入一半蜜餞乾果，同樣要
小心別搓斷麵筋。

3 一一滾圓，盡量不要讓水果乾
露出表面。放入模子裡。

4 蓋好，最後發酵1小時左右，
麵團應該脹到模口。

5 烤箱預熱至180℃。

6 把麵團放到烤箱最下層，上面
壓重物，烤約30分鐘。

7 倒出看看，應該全體都金黃色
或褐色，否則就再烤幾分鐘。

8 取出放到完全冷卻，橫切成4
片，交錯疊起成耶誕樹。

9 用糖珠之類的做裝飾。

10 篩糖粉，也可加些耶誕飾品。

11 若不做耶誕樹，扣出後就像修
多倫一樣刷奶油、篩糖粉，再切片
食用。

SOFT BUNS
軟式餐包

軟式餐包的糖油含量雖然比甜麵包少，為了搭配菜餚也沒有奶味，但還是非常鬆軟可口，是很多小朋友們吃西餐時最喜歡的項目。軟式餐包可以做成台灣最普遍的奶油小餐包，或不包奶油，做成漢堡包、熱狗包。

奶油小餐包通常烤得火候不太足，以便用餐時再用小烤箱烤到又脆又熱。漢堡包或熱狗包就要烤夠火候，食用時只要切開就可夾餡。

基本麵團 Soft bun dough
軟式餐包

材料

水	320 克	細白砂糖	80 克
快發乾酵母	6 克	鹽	7.5 克
高筋麵粉	520 克	蛋	1 個
低筋麵粉	100 克	奶油	80 克

做法

1 把從水到蛋等 7 項材料加入攪拌缸，低速攪拌成團。

2 加奶油打到擴展。麵團相當黏軟。

3 基本發酵 2 小時。

Butter buns

奶油小餐包

40 個

材料

軟式餐包麵團‥‥‥‥‥‥1 份
含鹽奶油‥‥‥‥100~200 克

裝飾

蛋水‥‥‥‥‥‥‥‥‥ 適量

做法

1 把發好的麵團分割成 40 份，一份約 28.5 克。

2 一一滾圓，鬆弛。

3 把 100 或 200 克冰涼的鹹奶油切成 40 小塊。

4 把麵團壓扁，放 1 小塊鹹奶油，上往下包，下再往上包，麵團有重疊，奶油比較不會漏出來。

5 包成像餃子形，要捏緊。

6 接口朝下排在鋪了烤盤布的烤盤上，每個之間要有足夠距離。

7 最後發酵 50 分鐘，直到用手輕按覺得完全沒有彈性即可。

8 烤箱預熱到 185℃，表面刷蛋水，放中層烤約 10 分鐘。

周老師的 Special Tips

因為包了冰奶油，所以發酵比較費時。奶油份量可隨意增減，但太多了很容易在烤焙時流出來，尤其麵團重疊處若是沾了油，就更不容易黏合，烤時一定會流出，所以第一次做最好包少一點（2.5 克即可，示範是一個包 5 克），練習幾次就會越包越好。

Hamburger buns • Hot dog buns

漢堡包·熱狗包

14個

周老師的 Special Tips

　　若不吃牛肉可以全用前腿絞肉代替。
乾土司可用麵包粉代替。香料請自由選擇。

　　食用時把漢堡包切開，切面塗一點沙
拉醬或奶油，可以防止餡料的水份弄溼麵
包；除了肉餅外還可以夾蕃茄、生菜、起
司、火腿、培根、荷包蛋等等，或再擠點
蕃茄醬、撒點黑胡椒。

• 做法

1　把發好的麵團分割成 14 份，一份約 82 克。

2　若要做漢堡包，滾圓後排盤，輕輕按扁一點。

3　若要做熱狗包，滾圓後鬆弛，然後搓長，排盤發酵，也稍按扁一點。

4　最後發酵 50 分鐘，直到用手輕按覺得完全沒有彈性即可。

5　烤箱預熱到 185℃，刷蛋水，漢堡包可以撒點芝麻。

6　放中下層烤 12~14 分鐘即可。

附錄
漢堡肉餅

14 個

• 材料

大洋蔥	1 個（約 450 克）
沙拉油	4 大匙
牛奶	半杯
乾土司	1 片（約 35 克）
牛絞肉	400 克
豬五花絞肉	400 克
鹽	3/4 小匙
粗黑胡椒粉、肉荳蔻	1/3 小匙
醬油	1 大匙
蕃茄醬	1 大匙
煎油	適量

• 做法

1　洋蔥切碎或打碎，起油鍋炒到金黃香甜，放涼。牛奶倒在土司上使其吸收。

2　絞肉必需是冰涼的，和洋蔥泥及牛奶土司一起放入攪拌缸裡，加調味料，用槳狀腳打成有彈性的肉泥，或用手拿起來摔。肉越冰涼，攪打或摔打越費力，但肉餅就越有彈性而不會碎散。

3　分成 14 份，搓圓。

4　起油鍋，把肉團放入，用鍋鏟壓扁，以小火煎約 2 分鐘，翻面再煎 2 分鐘即可。

Bread roll with scallion and
dried shredded pork

香蔥肉鬆捲

　　蔥、芝麻、美乃滋、肉鬆的組合很對台灣人的口味，所以香蔥肉鬆麵包捲是很
具本土風味的麵包。

　　麵團擀成薄片烤焙，很容烤得乾硬或邊緣烤焦，這樣捲起時容易破裂，所以要
用溼度夠、彈性佳的麵團來做，例如軟式餐包麵團。在製做中的每個階段都要注意
保持溼度，也不宜烤焙太久。

香蔥肉鬆麵包捲　3盤共18塊

材料

軟式餐包麵團‧‧‧‧‧‧‧‧‧‧‧‧‧1份

裝飾

蛋水、蔥花、白芝麻‧‧‧‧‧‧‧適量

沙拉醬‧‧‧‧‧‧‧‧‧‧‧‧‧約400克
肉鬆‧‧‧‧‧‧‧‧‧‧‧‧‧約120克

做法

1 把基發好的軟式餐包麵團分成3等份，每份約387克。

2 一一滾圓，鬆弛。

3 把一份放在33×42公分的烤盤布上，慢慢擀開，直到接近烤盤布的大小。要把麵團擀成方形，方法是擀得中間薄而兩端漸厚，無論直擀橫擀都如此，就會變成大方片。如果整塊擀得一樣厚薄，就會變大圓片。

4 同法擀好3盤。

5 最後發酵50分鐘至完全沒彈性。要注意保持溼度，可以不時噴些水霧。

6 烤箱預熱至190℃。

7 在麵片上刷蛋水，灑蔥花和白芝麻。

8 用筷子刺洞，以免烤時鼓起。

9 放中上層烤10~12分鐘，如果周圍顏色開始比中間深，就用鋁箔蓋住。

10 烤至表面呈棕黃色、底面稍稍著色即可。

11 取出，放涼。

12 把四周硬皮切掉一點。在一個寬邊劃開4、5刀。

13 翻面，抹沙拉醬。

14 從劃開處捲起來。讓劃開的地方裂開，才不致於整個破裂。

15 包著放一下才會固定。

16 一條切成6小段。切面抹點沙拉醬再沾肉鬆。

4　一一滾圓，鬆弛 10 分鐘。

5　平底鍋用中火燒熱，不放油（這樣麵團才能黏住鍋子而不會縮小）。

6　把麵團擀成圓形。

7　雙手拿著兩端，一邊拉長到超過 25 公分一邊下鍋。

8　用中火烙到兩面都出現金黃色即可，每面各需 1、2 分鐘。

Bread roll with chicken filling (Chicken bake)

烙麵餅雞肉捲

6 個

● 烙麵餅材料

水	300 克
快發乾酵母	5 克
中筋麵粉	480 克
細白砂糖	40 克
鹽	8 克
沙拉油	48 克

● 做法

1　從水到鹽等 5 項材料加入攪拌缸，低速攪拌成團，再加沙拉油打成均勻溼潤的麵團（打好可能依舊黏在缸邊）。

2　蓋好，基本發酵 2 小時。

3　工作台上抹油，把麵團刮到台面上，分割成 6 份。

雞肉餡

材料

雞胸肉⋯⋯⋯⋯⋯ 500克

培根⋯⋯⋯⋯⋯⋯ 3片

青蔥⋯⋯⋯⋯⋯⋯ 6根

披薩起司⋯⋯⋯⋯ 210克

起司粉、黑胡椒粉⋯⋯ 適量

硬質乳酪（圖中是切達）⋯ 適量

做法

1 把雞胸肉放在加了鹽或醬油的水裡煮熟，約剩 400 克。浸在湯汁裡直到冷卻，撕成條備用。

2 培根切段，起鍋炒香。蔥也切段，加入炒一下。

3 在一個烙麵餅上放 1/6 的披薩起司、雞胸肉、培根、蔥段，撒點起司粉和黑胡椒粉。

4 捲起來，排在烤盤上。

5 噴點水霧，把硬乳酪刨細絲撒在上面。

6 烤箱預熱至 200℃，把餅放入中層烤 6~8 分鐘即可食用。烤過不但又香又熱，而且披薩起司會融化而黏住餅，硬乳酪絲也會黏在餅皮上，不會邊吃邊散開或掉落。

7 如果想多做一點冷凍保存，可先不做步驟6，而在餅剛烙好時撒硬質乳酪絲，使其黏住，然後包餡捲好（有硬質乳酪絲的一面包在外面），再用防油麵包紙一一包好，放入密封袋裡冷凍。食用時要烤或微波到連餡都熱了才吃。

周老師的 Special Tips

這種烙麵餅的麵團雖然與麵包類似但更軟，因為要撖薄了用平底鍋烙，再捲餡料去烤，所以水份一定要多，成品才能軟Q好吃而不會乾硬。

麵團水份多就比較溼黏，但把它滾圓、撖薄並沒有看來那麼困難，只要保持麵團表面有一點油即可，不要一直把油揉到麵團裡；動作輕快點，多用手掌少用指尖。

烙餅時火力不可太小，小火久烙餅會變乾。食用前的烤焙也是如此。

烙麵餅雖然有厚度，但非常柔軟有彈性，捲餡時完全不會破裂。除了雞肉餡外還可捲入牛肉餡（把洋蔥牛肉漢堡炒碎即可），或買現成的燻雞肉片、鮪魚片等。

市售的熟食雞胸肉都有添加物，所以即使是肉雞，吃起來也很有彈性。自己煮的雞胸肉有點粉粉的，但比較健康，常常自己做就會習慣這種自然的口感。

　　瑪芬（muffin）通常指速發麵包，不用酵母而是用發粉為蓬鬆劑，外形像杯子蛋糕，兩者常常被混淆。

　　英式瑪芬（English muffin）卻是真正以酵母發酵的麵包，通常烤成扁圓形。

　　這裡的英式瑪芬配方，和前頁的軟式餐包很類似，但最後發酵不發得那麼鬆軟，烤焙時以重物壓平以控制其形狀，所以比較扎實有咬勁。其實這兩種配方可以互相代替，例如不吃蛋的人想做軟式餐包，就可以用英式瑪芬配方來做。

English muffin
英式瑪芬

8 個

• **材料**

水	240 克
快發乾酵母	3.5 克
高筋麵粉	360 克
糖	45 克
鹽	5 克
奶油	45 克

麩皮麵粉或玉米碎⋯⋯ 少許
（cornmeal）

• **模子**

直徑 10 公分，高 3 公分的圈
模 8 個

• **做法**

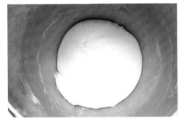

1 把從水到鹽等 5 項材料拌勻，
再加奶油攪打至擴展階段。

2 蓋好，基本發酵 1 小時。

3 圈模內塗油防黏，排在墊了烤
盤布的烤盤上。

4 分割成 8 份，每份約 87 克，
一一滾圓。

5 沾些玉米碎防黏，擀成扁圓形，
放入圈模裡。

6 蓋張烤盤布，再壓個烤盤，最
後發酵 50 分鐘，直到九分滿。

7 烤箱預熱至 200℃，放中層烤
15 分鐘，上面還是要壓烤盤布和
重烤盤。

8 烤到中途把烤盤布和烤盤拿掉，
以免表面著色太淺。

周老師的 Special Tips

如果最後發酵發到滿模，烤
焙時會漲得太高，冷卻後腰會內
縮，變成像蘑菇形，但這不會影
響美味。

起司蛋堡

把英式瑪芬橫切開，夾起
司和煎蛋，也可以加片煎培根
或煎火腿，就像麥當勞的滿福
堡，很受歡迎，所以一次多烤
些也沒關係，包好冷藏可以放
很多天，要吃時切開用小火把
切面烙到香酥，是很方便的早
餐，加上果汁或生菜更完美。

煎蛋簡單，不過若用圈模
煎成碟狀更可愛；因為這10公
分的圈模做出來的瑪芬很大，
所以一個圈模裡煎兩個蛋。如
果要當場食用，蛋黃可以半生
不熟，如果要放置幾個小時才
吃，蛋黃最好煎熟。

• **做法**

1 平底不沾鍋用小火燒乾，淋一
點點沙拉油，把圈模裡面塗奶
油防黏，放在鍋上。

2 打兩個蛋進去，蓋上鍋蓋，小
火煎3~5分鐘即可。把圈模拿
起來就是可愛的圓煎蛋。

3 火腿也煎一下。

4 把瑪芬橫切開，如果是冷的，
切面朝下烙一下。

5 夾火腿、起司片和煎蛋即可食
用，也可以撒點黑胡椒粉或淋
點蕃茄醬。

Yeast biscuit
酵母比司吉

比司吉（Biscuit）在英國是餅乾之意，但在美國指奶油小麵包，類似英國的 Scone，但比scone鬆軟，尤其是以酵母發酵的比司吉。

酵母比司吉除了外皮酥脆內裡鬆軟外，也沒有發粉或小蘇打的苦澀味，剝開來夾果醬或蜂蜜都很可口，或像美國人那樣和肉汁、培根、炒蛋一起裝盤，做頓豐盛的早餐。

12個

● **材料**

水⋯⋯⋯⋯⋯⋯⋯⋯ 150克

快發乾酵母⋯⋯⋯⋯⋯⋯ 6克

高筋麵粉⋯⋯⋯⋯⋯⋯ 400克

細白砂糖⋯⋯⋯⋯⋯⋯ 30克

鹽⋯⋯⋯⋯⋯⋯⋯⋯⋯ 4克

鹹起司粉⋯⋯⋯⋯⋯⋯ 8克

奶油（室溫軟化）⋯⋯⋯ 120克

● **特殊工具**

6公分圓印模1個

● **模子**

27×21公分長方烤模1個

1
所有材料依序加入攪拌缸裡，攪拌成均勻柔軟的麵團，不必打到擴展。

2
蓋好，基本發酵1小時。

3
上下撒些乾麵粉，擀成接近2公分的厚片，大小正好可以印出9個圓餅。

4
鬆弛30分鐘。如果沒有這段鬆弛時間，印出的餅很容易縮小變形。

5
用印模印出9個厚圓餅，排在墊了烤盤布的烤模裡。

6
剩下的麵團分成3份，一一揉圓壓扁，也排在烤盤裡。

7
最後發酵1小時，直到用手輕按覺得非常鬆軟。如果發酵太久，麵團都擠在一起，烤出來形狀不圓，這沒有關係，反而更鬆軟。

8
烤箱預熱到210℃，放最下層烤10~12分鐘，至表面開始著色即可。

TAIWANESE SWEET BREAD
傳統甜麵包

　　甜麵包的含糖量為麵粉的 20%，相當高，所以叫做甜麵包；有餡料，但餡料不一定是甜的。做的好的甜麵包，即使冷藏過都柔軟可口，是最方便的早餐和點心。

　　本篇示範多種甜麵包，大多是非常傳統的造形和口味，但後段也有一些新花樣。讀者製做時，請盡量不要如以下示範般在一個烤盤裡放兩三種甜麵包，因為每種甜麵包的發酵和烤焙需求都不太一樣。

NEW STYLE SWEET BREAD
新式甜麵包

　　新式甜麵包的麵團和傳統甜麵包相同，只是造型和尺寸比較自由，可以發揮想像力來創作。傳統甜麵包通常大小一致，但如果像上述食譜般每個麵團都等重，加上餡料以後反而會有大有小，例如起酥麵包和墨西哥麵包就顯得特別大，若是介意就要調整麵團的重量。

基本麵團 Sweet bread dough
甜麵包

材料

牛奶‧‧‧‧‧‧‧‧‧‧‧‧‧‧‧‧‧‧‧‧‧‧‧‧ 200 克
快發乾酵母‧‧‧‧‧‧‧‧‧‧‧‧‧‧‧‧‧‧ 4 克
高筋麵粉‧‧‧‧‧‧‧‧‧‧‧‧‧‧‧‧‧‧ 330 克
低筋麵粉‧‧‧‧‧‧‧‧‧‧‧‧‧‧‧‧‧‧‧ 70 克
細白砂糖‧‧‧‧‧‧‧‧‧‧‧‧‧‧‧‧‧‧‧ 80 克
鹽‧‧‧‧‧‧‧‧‧‧‧‧‧‧‧‧‧‧‧‧‧‧‧‧‧ 4 克
蛋‧‧‧‧‧‧‧‧‧‧‧‧‧‧‧‧‧‧‧‧‧‧‧‧‧ 1 個
奶油‧‧‧‧‧‧‧‧‧‧‧‧‧‧‧‧‧‧‧‧‧‧ 40 克

做法

1 把從牛奶到蛋等 7 種材料，依序加入攪拌缸內，攪拌成團。

2 加入奶油繼續攪拌。因為成份高，攪拌時會黏缸底，看來像麵糊。

3 到快打好時才聚集成麵團。

4 攪拌到麵筋擴展即可。

5 滾圓，蓋好。

6 基本發酵 2 小時 30 分鐘。

7 分割成 12 份（每份約 64 克），一一滾圓。

8 中間發酵到麵筋鬆弛，再包餡整形。

9 一般甜麵包的最後發酵約需 55 分鐘。

10 一般甜麵包以 185℃烤焙，位置在中下層，烤焙時間約 12 分鐘。

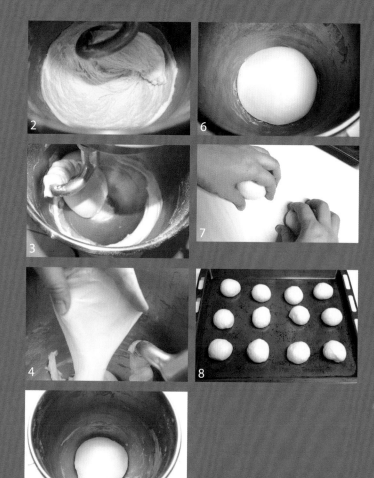

起酥麵包

花生麵包

紅豆麵包

奶酥麵包

Puff pastry sweet bread
起酥麵包

12個

材料

甜麵包麵團‧‧‧‧‧‧‧‧‧‧‧‧‧1份

冷凍起酥皮 (puff pastry)‧‧12張

（每張約50克，大小約12×13公分）

1

麵團分割成12份，一一滾圓。把滾圓的小麵團稍壓扁，直接進行最後發酵。

2

表面噴點水霧，蓋上一張已解凍的起酥皮即可。（每個麵團也可包入10克肉鬆，即成肉鬆起酥）。

3

起酥皮需要重火才能烤透，所以起酥麵包比其它甜麵包偏上火，要放在中層烤焙，時間也要延長約3分鐘。

Red bean sweet bread
紅豆麵包

12個

材料

甜麵包麵團‧‧‧‧‧‧‧‧‧‧‧‧‧1份

現成紅豆餡‧‧‧‧‧‧‧‧‧‧‧360克

裝飾

蛋水與黑芝麻‧‧‧‧‧‧‧‧‧‧‧少許

1

麵團分割成12份，一一滾圓。把紅豆餡分成12份，一一揉圓。

2

一個小麵團包一份餡，捏緊。

3

稍壓扁，刷蛋水，撒點黑芝麻。

4

依法做最後發酵與烤焙。

Sweet bread with peanut butter filling

花生麵包

12個

● 材料

甜麵包麵團 · · · · · · · · · · · · · · 1份

低甜花生醬 · · · · · · · · · · · 300克

糖粉 · · · · · · · · · · · · · · · · · · 60克

● 裝飾

蛋水 · · · · · · · · · · · · · · · · · 少許

1

花生醬和糖粉攪拌均勻，最好冷藏
到變硬些，比較好包。

2

麵團分割成12份，一一滾圓。一
個小麵團包30克餡。

3

捏緊，稍壓扁，切5刀成花瓣形。

4

刷蛋水，依法做最後發酵與烤焙。

周老師的Special Tips ●

市售花生醬有低甜微鹹和甜味兩
種，如果不喜歡餡有鹹味而改用
甜味花生醬，糖粉部份請用花生
粉代替。

Milky buttercream buns

奶酥麵包

12個

● 材料

甜麵包麵團 · · · · · · · · · · · · · · 1份

奶油（室溫軟化）· · · · · · · · ·60克

糖粉 · · · · · · · · · · · · · · · · · ·48克

奶粉或椰漿粉 · · · · · · · · · · 60克

● 裝飾

蛋水少許、椰子粉或麵包粉　少許

1

把奶油、糖粉、奶粉拌勻即是奶
酥，揉成團，分成12份。

2

麵團分割成12份，一一滾圓。一
個小麵團包一份餡，要包緊。

3

稍壓扁，注意要把裡面成塊的奶酥
壓開。

4

表面刷蛋水，撒點椰子粉或麵包粉。

5

依法最後發酵及烤焙。

蔥油麵包

玉米沙拉麵包

夾心麵包

果醬麵包

Scallion sweet bread

蔥油麵包

12個

- **材料**

  甜麵包麵團‧‧‧‧‧‧‧‧‧‧‧‧‧ 1份

  奶油（室溫軟化）‧‧‧‧‧‧‧‧ 30克

  鹽‧‧‧‧‧‧‧‧‧‧‧‧‧‧‧ 1/2小匙

  蔥末‧‧‧‧‧‧‧‧‧‧‧‧‧‧ 100克

- **裝飾**

  蛋水‧‧‧‧‧‧‧‧‧‧‧‧‧‧‧ 少許

周老師的 Special Tips

蔥烤12分鐘顏色會變，如果
希望能保持綠色，可以先不要
擠餡，直接烤焙，出爐前2分
鐘才擠餡，再放回烤箱烤2分
鐘以殺菌。

1　麵團分割成12份，一一滾圓。把小麵團一一
　　搓長，刷上蛋水，直接進行最後發酵。

2　把奶油、鹽、蔥末拌勻，放在塑膠袋裡。

3　麵團發好後，用沾水的刀片從中間切開一刀。

4　塑膠袋剪個口，把蔥餡擠在刀口裡。

5　依法烤焙。

Buttercream sweet bread

夾心麵包

12個

- **材料**

  甜麵包麵團‧‧‧‧‧‧‧‧‧‧‧‧‧ 1份

  奶油（室溫軟化）‧‧‧‧‧‧‧ 250克

  糖粉‧‧‧‧‧‧‧‧‧‧‧‧‧‧‧ 90克

  椰子粉‧‧‧‧‧‧‧‧‧‧‧‧‧‧ 適量

- **裝飾**

  蛋水‧‧‧‧‧‧‧‧‧‧‧‧‧‧‧ 少許

1　麵團分割成12份，一一滾圓。把小麵團
　　一一擀成長扁形，刷上蛋水。

2　依法發酵和烤焙。因為比較薄，烤焙時間
　　可以縮短2分鐘。

3　奶油加糖粉拌勻，即是奶油霜。

4　麵包冷卻後，在兩個中間塗奶油霜夾起來。

5　切成兩半。

6　邊緣也塗奶油霜，再沾滿椰子粉。

周老師的 Special Tips

同樣的做法，也可以夾果醬再沾椰子粉、夾奶油霜或花
生醬再沾花生粉、夾美乃滋再沾肉鬆，都是很受歡迎的
夾心麵包。

Corn salad sweet bread
玉米沙拉麵包

12個

● **材料**

甜麵包麵團⋯⋯⋯⋯⋯⋯ 1份

罐頭玉米粒⋯⋯⋯⋯⋯ 360克

美乃滋⋯⋯⋯⋯⋯⋯ 180克

火腿丁、黑胡椒⋯⋯⋯⋯ 適量

● **裝飾**

蛋水⋯⋯⋯⋯⋯⋯⋯ 少許

周老師的 Special Tips ●

也可以撒一些餡在周圍,做成
另一種風格。

1 麵團分割成12份,一一滾圓。把小麵團
　 一一壓扁,中間壓的更薄。

2 把玉米粒瀝乾,加美乃滋拌勻。

3 平均舀在麵包中間。

4 撒點火腿丁和黑胡椒。

5 周圍刷上蛋水,依法做最後發酵與烤焙。

Sweet buns with jam filling
果醬麵包

12個

● **材料**

甜麵包麵團⋯⋯⋯⋯⋯⋯ 1份

果醬⋯⋯⋯⋯⋯⋯⋯ 180克

● **裝飾**

蛋水⋯⋯⋯⋯⋯⋯⋯ 少許

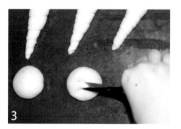

1 麵團分割成12份,一一滾圓。每個小麵團
　 包15克果醬。

2 用力捏緊,稍壓扁。

3 用剪刀在正中間斜剪一刀,稍露出果醬。

4 刷上蛋水,依法做最後發酵與烤焙。

Pineapple check buns

菠蘿麵包

12個

• 材料

甜麵包基本麵團········1份

奶油（室溫軟化）······60克

糖粉·············60克

蛋（較小的）··········1個

低筋麵粉··········140克

奶粉·······1大匙（約6.5克）

• 做法

1 麵團分割成12份，一一滾圓。把奶油、糖粉、蛋攪打到融合。

2 把麵粉和奶粉篩入，輕輕拌勻即是菠蘿皮。

3 分成12份，一一壓扁覆在小麵團上。菠蘿皮會黏手是正常的，盡量用手指輕捏，動作快，就不會太難操做。

4 最後發酵不必增加溼度，讓菠蘿皮自然乾裂。因為較乾燥，發酵時間可能需要增加。

5 依法烤焙。

周老師的 Special Tips •

最後發酵時雖然溼度不高，但因為外覆菠蘿皮，所以麵包不會變乾。也可用切麵板把菠蘿皮切出菱形格子花紋，就可依一般方法最後發酵。（請見DVD）

Coconut sweet bread

椰子麵包

12個

3

4

- **材料**

甜麵包麵團‥‥‥‥‥‥1份

奶油（室溫軟化）‥‥‥‥30克

細白砂糖‥‥‥‥‥‥‥90克

蛋‥‥‥‥‥‥‥‥‥‥1個

椰子粉‥‥‥‥‥‥‥‥90克

- **裝飾**

蛋水‥‥‥‥‥‥‥‥‥少許

- **做法**

1 麵團分割成12份，一一滾圓。把奶油、糖、蛋用力攪拌均勻。

2 加椰子粉拌勻，分成12份。

3 把小麵團擀成手掌大的橢圓形，抹上一份餡。

4 捲起來。

5 中間切一刀口。

6 把一端穿過刀口拉出來（如做巧果一般）。如果有些椰子餡掉出來，重新放到刀口上即可。

7 刷上蛋水，依法烤焙。

5

6

Horn bread with chocolate filling

巧克力螺絲麵包

12個

材料

甜麵包麵團‥‥‥‥‥‥ 1份
牛奶‥‥‥‥‥‥‥‥ 150克
低筋麵粉‥ 1大匙（約12.5克）
牛奶巧克力‥‥‥‥‥ 250克

裝飾

蛋水‥‥‥‥‥‥‥‥‥ 少許

特殊工具

針管模子12個，長約13公分

做法

1 麵團分割成 12 份，一一滾圓。把鬆弛過的小麵團一一搓成 40 公分長的細條，最好頭細尾粗。

2 針管模子外面塗奶油。

3 把細麵團繞在針管模子上。細的一端繞在尖端。

4 刷蛋水，依法最後發酵及烤培。

5 把牛奶和麵粉攪拌均勻，煮沸，熄火。

6 加入巧克力，攪拌到溶化即是餡。如果天氣冷，巧克力無法完全溶化，就把整盆餡隔水加熱片刻。

7 麵包冷卻後，取出針管模子。

8 用擠花袋把巧克力餡擠進中間的洞裡。放涼即凝結，不會流出。

周老師的 Special Tips

隨著針管的大小以及螺絲捲的長度不同，餡的用量會有差異。

Mexican sweet bread

墨西哥麵包

12個

• 材料

甜麵包麵團············1份

奶油（室溫軟化）······90克

糖·················90克

蛋·············淨重90克

低筋麵粉·············90克

• 裝飾

碎巧克力·············少許

• 做法

1 麵團分割成12份，一一滾圓。小麵團稍壓扁，排在烤盤上最後發酵。

2 奶油加糖攪拌均勻，再加蛋打到完全融合。

3 把低粉篩入，輕輕拌勻即是磅蛋糕糊。

4 麵團發酵完成後，把蛋糕糊擠或抹在表面，側邊可留1、2公分不抹。

5 撒些碎巧克力，依法烤焙。烤時蛋糕糊會流下來，所以麵包的樣子像墨西哥帽。

Green tea macaron buns

抹茶馬卡龍小麵包

24個

• 材料

甜麵包基本麵團‧‧‧‧‧‧‧‧1份

• 馬卡龍糖糊

蛋白‧‧‧‧‧‧‧‧‧‧‧‧‧‧‧‧‧1個

細白砂糖‧‧‧‧‧‧‧‧‧‧‧‧‧60克

杏仁粉‧‧‧‧‧‧‧‧‧‧‧‧‧‧45克

抹茶粉‧‧‧‧‧‧‧‧‧‧‧‧‧‧‧5克

• 做法

1　發好的麵團分成24份（所以每個只有傳統甜麵包的一半大），滾圓。

2　排在烤盤上，稍壓扁，依法進行最後發酵。

3　把蛋白打發，分幾次加糖，打到非常濃稠。

4　加杏仁粉和抹茶粉拌勻，即是抹茶馬卡龍糖糊。

5　裝在小袋子裡，擠在發好的麵包上，可以擠滿或擠成圓點。圖中粉紅色和淺紫色的小點，是把一部份糖糊不加抹茶粉而拌入少許色素，純粹只是裝飾，可以省略。

6　烤箱預熱到185℃，放最下層烤12分鐘即可。放最下層是為避免糖糊烤焦而變色。

周老師的 Special Tips •

沙波蘿是非常好用的麵包表面裝飾材料，只要調
整顏色（加色素或可可粉等）或改變顆粒的大小形狀，
看來就不同。本食譜裡的份量多於實際用量，剩下的
用小盒子裝好冷藏，隨時可取出使用，就算粉碎了，
重新捏合再擦成絲或小顆粒即可。

Crumble bread with custard filling

沙菠蘿布丁麵包

6個

- **材料**

  甜麵包麵團‧‧‧‧‧‧‧‧‧‧‧1份

- **布丁餡**

  牛奶‧‧‧‧‧‧‧‧‧‧‧‧‧‧300克

  細白砂糖‧‧‧‧‧‧‧‧‧‧‧60克

  麵粉‧‧‧‧‧‧‧‧‧‧‧‧‧‧45克

  奶油‧‧‧‧‧‧‧‧‧‧‧‧‧‧15克

  蛋黃‧‧‧‧‧‧‧‧‧‧‧‧‧‧1個

  香草‧‧‧‧‧‧‧‧‧‧‧‧‧‧少許

- **沙波蘿**

  奶油（室溫軟化）‧‧‧‧‧‧50克

  糖粉‧‧‧‧‧‧‧‧‧‧‧‧‧‧40克

  高筋麵粉‧‧‧‧‧‧‧‧‧‧‧75克

- **裝飾**

  蛋白‧‧‧‧‧‧‧‧‧‧‧‧‧‧少許

- **做法**

1 把發好的麵團分成6份（所以每個有傳統甜麵包的兩倍大），滾圓，鬆弛。

2 煮布丁餡：把牛奶、糖、麵粉徹底攪拌均勻，和奶油一起用小鍋煮沸。要邊煮邊攪拌以免焦底。

3 熄火後，加蛋黃和香草拌勻。放涼。

4 準備沙波蘿：把3種材料拌勻，捏成團，用擦絲板擦成粗絲，掉在平盤上。抖動平盤，讓粗絲斷成小段。

5 把鬆弛過的麵團擀成直徑15~20公分的圓片。

6 把放涼的布丁餡擠或舀在上面，每個45~50克。

7 捲起來兩頭捏緊，排在烤盤上。

8 蛋白打散，刷在麵團表面。小心從兩端拿起麵團，沾滿沙波蘿。

9 再放回烤盤上，依法進行最後發酵。

10 發酵完成後，把剩下的布丁餡加點熱水調稀一點，裝在小塑膠袋裡，剪個小口，擠在麵包上做裝飾。

11 烤箱預熱至185℃，放在中下層烤18分鐘。

Sweet bread with taro paste

芋泥麵包

3個

- **材料**

  甜麵包基本麵團········1份

- **芋泥餡**

  芋頭（淨重）········360克

  細白砂糖············60克

  鮮奶油··············60克

- **裝飾**

  杏仁片···············少許

- **模子**

  6吋活動蛋糕圓模3個，布丁杯3個，如果用中空圓模就不用布丁杯

- **做法**

1　先做芋泥餡：把芋頭切小塊，大火蒸20分鐘以上，直到可用筷子輕易刺穿。

2　用擀麵杖搗碎，加糖和鮮奶油拌勻。放涼以後如果太硬，可以再加點鮮奶油攪拌，直到成為濃稠而能夠塗抹的狀態。

3　模子內部和布丁杯外面都塗奶油防黏。

4　把發好的麵團分成3份（所以每個有傳統甜麵包的4倍大），滾圓，鬆弛。

5　一一擀成約15×30公分的長方形。

6　抹160克芋泥餡。

7　直著捲起來。

8　從中間切開。

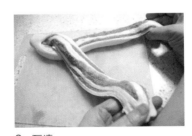

9　互遶。

10　放在模子裡，中間放個布丁杯。表面刷蛋水，撒杏仁片。

11　最後發酵到滿模。

12　烤箱預熱到195℃，把模子放在最下層烤30分鐘，後期可以蓋張鋁箔以免表面上色太深。

13　冷卻後從邊緣切開即可脫模。

NO KNEAD SOFT BREAD
免揉超軟麵包

免揉超軟麵包，糖油量較多，但不用費力攪打，成品和一般甜麵包的差別在於比較鬆，不那麼有彈性和咬勁，特別適合老人家或小朋友食用，拿來做甜甜圈也非常好吃，冷卻後不會變得太硬。

製做程序中的「冷藏」，讓時間的運用更自由，例如前一天晚上或當天早上揉好麵團，冷藏，下班回家再拿出來整形、發酵、烤焙。

基本麵團 No knead soft bread dough
免揉超軟麵包

材料

牛奶 · 270 克
快發乾酵母 · · · · · · · · · · · · · · · · · · 4.5 克
高筋麵粉 · 450 克
細白砂糖 · 90 克
鹽 · 4.5 克
蛋 · 1 個
融化奶油 · 90 克

做法

1 所有材料依序放入大盆子裡，用擀麵杖攪拌，加一樣攪拌一樣。

2 加奶油，繼續用擀麵杖攪拌成均勻柔軟的麵團，大約 5、6 分鐘。用人力攪拌雖然費力，卻不困難，累了就休息一下。攪拌得久，麵包比較有彈性，攪拌不久，麵包比較鬆散。

3 蓋好，基本發酵 2 小時。若是天氣熱，連基本發酵也可省略。

4 翻麵（把氣體壓出），蓋好，冷藏，一天之內隨時可以拿出來整形（但是冷藏越久甜味越淡，發酵味越重）。

糖霜肉桂捲

咖啡核桃麵包

Cinnamon roll

糖霜肉桂捲

16 個

- **材料**

  免揉超軟麵團‧‧‧‧‧‧ 2/3 份
  黑糖或黃砂糖‧‧‧‧‧‧‧ 80 克
  肉桂粉‧‧‧‧‧‧‧‧‧‧‧ 適量

- **義式蛋白糖霜**

  水‧‧‧‧‧‧‧‧‧‧‧‧‧ 33 克
  蜂蜜或麥芽糖‧‧‧‧‧‧‧ 33 克
  細白砂糖‧‧‧‧‧‧‧‧‧ 100 克
  蛋白‧‧‧‧‧‧‧‧‧‧‧‧ 2 個

- **模子**

  23×18×5.5 公分的長方烤模
  1 個

- **做法**

1 把麵團撒點乾麵粉防黏，滾圓。

2 擀成長方片狀，厚度不到 1 公分。

3 把黑糖平均抹在上面，撒適量的肉桂粉。

4 噴少許水霧。糖有點溼度才能附著在麵團上，但不要太溼以免變成糖漿流出來。

5 捲起來，切成 16 段。

6 排在墊了烤盤布的烤模裡。

7 最後發酵 50~70 分鐘。冷藏麵團需要的最後發酵時間差距很大，因為影響因素很多，所以只要發到滿模，用手輕按覺得非常虛軟即可。

8 烤箱預熱到 180℃，只開下火，放最下層烤 25 分鐘，再把上火也打開烤約 5 分鐘，直到表面著色即可。如果不能只開下火，就放在最下層烤，表面著色夠深後蓋張鋁箔以免烤得太黑。

9 煮義式蛋白糖霜：把水、蜂蜜、糖放在煮糖鍋裡，中火煮沸，繼續煮到 115℃。

10 糖漿煮沸時就開始打蛋白，打到硬性發泡（尖峰不會下垂）。

11 糖漿煮到 115℃，立刻熄火，倒入蛋白中，繼續攪打。

12 要打到恢復硬性發泡。

13 抹在肉桂捲上，切塊供應。

周老師的 Special Tips

　　義式蛋白糖霜鬆軟、不油膩、不過甜，又因為有燙過，比其它蛋白霜飾衛生，大量抹在溫熱的肉桂捲上最受歡迎，再撒點肉桂粉亦可。若沒時間製做糖霜，就撒點糖粉即可。

Walnut coffee bread

咖啡核桃麵包

1 個

• 材料

免揉超軟麵團········· 1/3 份

碎核桃仁············· 60 克

黑糖················· 少許

• 咖啡太妃糖漿

水················· 100 克

細白砂糖·········· 100 克

奶油··············· 50 克

即溶咖啡············· 1 大匙

太白粉水············· 少許

• 模子

容量 1360c.c. 的大果凍模 1 個

• 做法

1　果凍模塗油防黏。

2　把麵團加核桃仁揉勻。

3　分成 12 小塊，一一滾圓。

4　每塊都沾滿黑糖。

5　排在果凍模裡。

6　最後發酵和烤焙的方法與糖霜肉桂捲相同。

7　煮咖啡糖漿：把水、糖、奶油煮沸，加即溶咖啡攪勻，再用太白粉水勾芡成黏稠狀。放涼。

8　麵包烤好，倒扣在平盤裡，淋咖啡糖漿即可食用。

沙瓦哈（菊花型）

沙瓦哈（圓環形）

果醬甜甜圈

麻花捲

巧克力圈

沙瓦哈（小圓環形 / 菊花形）

Savarin

小圓環形6個　菊花形1個

● 材料

免揉超軟麵團‥‥‥‥‥ 1/2 份

水‥‥‥‥‥‥‥‥‥‥ 100克
細白砂糖‥‥‥‥‥‥‥‥50克
蘭姆酒‥‥‥‥‥‥‥‥‥50克
檸檬皮末‥‥‥‥‥‥‥‥ 適量

起泡（打發）鮮奶油‥‥‥ 少許
水果‥‥‥‥‥‥‥‥‥‥ 少許

● 模子

容量1250c.c.的菊花糕餅模
1個或容量140c.c.的沙瓦哈
模6個

● 做法

1　把菊花模塗油防黏。

2　把麵團滾圓，鬆弛。

3　擀成與菊花模差不多大的圓片，放在菊花模裡。

4　如果用沙瓦哈模，一樣要塗油防黏，再把麵團分成 6 份，一一搓長，盤在模裡。

5　最後發酵和烤焙的方法與糖霜肉桂捲相同。

6　菊花模在烤焙前半段時間要在模子上壓個派盤和重物，讓表面烤的平坦。

7　沙瓦哈模因為體積小，最後發酵和烤焙的時間都可稍微縮短。

8　烤好倒扣在平盤裡。

9　把水加糖煮沸，熄火，加蘭姆酒和檸檬皮末拌勻。

10　淋在麵包上使其吸收。

11　可以用打發的鮮奶油和水果裝飾。

Doughnuts

甜甜圈（果醬甜甜圈、麻花捲、巧克力圈）

- **材料**

  免揉超軟麵團‧‧‧‧‧‧‧‧‧‧1 份
  炸油‧‧‧‧‧‧‧‧‧‧‧‧‧ 半鍋
  果醬‧‧‧‧‧‧‧‧‧‧‧‧‧ 適量
  細白砂糖‧‧‧‧‧‧‧‧‧‧‧ 適量
  各種巧克力與糖珠‧‧‧‧‧ 適量

- **特殊工具**

  8.5 公分甜甜圈印模及圓模各
  1 個

4　用印模印出甜甜圈，中間的小球也可以炸，或和其它剩餘麵團揉在一起。

8　把每一條都搓到扭轉，頭尾一起提起就會捲起來，就是麻花捲。

- **做法**

1　把麵團從冰箱取出，上下撒乾麵粉。

5　沒有洞的甜甜圈是果醬包。

9　所有甜甜圈都排在烤盤上，最後發酵 40~50 分鐘，發到用手輕按覺得非常虛軟即可。

2　擀成厚度將近 1 公分的大片。

3　放著鬆弛至少 20 分鐘。如果不鬆弛就印，甜甜圈會變形。

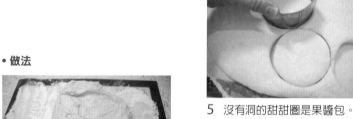

6　把印剩的麵團揉成一團，秤重，分成每份約 60 克。

10　炸油燒到溫熱，試把一點麵屑放入鍋中，會在鍋裡起起浮浮就是油溫合宜。

7　一一滾圓、鬆弛、搓成長條。

11 從最小的小球開始炸，小火炸 2~3 分鐘。發好的麵團很軟，要輕輕取放以免捏壞。

12 甜甜圈和麻花約炸 4 分鐘，果醬包約炸 5 分鐘，中途要翻面。

13 排在烤架上瀝乾油份。

14 把果醬擠進果醬包裡，整個在細砂糖裡滾一滾。

15 甜甜圈和麻花也可以沾細砂糖，或放涼後沾融化的巧克力，還可以撒點糖珠做裝飾。

Bechamel shrimp bread
白醬蝦仁麵包

所謂的調理麵包,是用麵團包美味料理一起烘烤而成;雖然這和麵包配料理吃好像差不多,但包著烘烤還是有不同的樂趣和滋味。

本篇用牛奶土司麵團製做調理麵包,不過很多麵團都可以運用,例如白土司、餐包、脆皮歐式麵包等。

12個

• **材料**

牛奶土司麵團(見第10頁)‥1份
(約1000克)

冰涼的白醬蝦仁‥‥‥‥‥‥1份
(約1000克)

• **裝飾**

蛋水‥‥‥‥‥‥‥‥‥‥ 適量

• **做法**

1 把基發好的麵團分割成12份,每份約83克。

2 一一滾圓,鬆弛,擀成約15公分大小。

3 把一份餡(約83克)放在中間,兩邊各斜切4刀。

4 把斜切出的麵片交錯拉向斜對角。要拉長一點,如果太短,烤好會縮到看不出交錯狀態。

5 排在鋪了烤盤布的烤盤上,刷上蛋水。

6 最後發酵50分鐘,或發到用手輕按覺得鬆軟無彈性即可。

7 烤箱預熱到180℃,放中層烤約18分鐘。趁熱享用。

白醬蝦仁

1份

• **材料**

洋蔥‥‥‥‥‥1個(約300克)

洋菇‥‥‥‥‥‥‥‥‥ 300克

橄欖油‥‥‥‥‥‥‥‥‥2大匙

低筋麵粉‥‥‥‥‥‥‥‥‥25克

牛奶‥‥‥‥‥‥‥‥‥ 140克

鮮奶油‥‥‥‥‥‥‥‥ 140克

蝦仁‥‥‥‥‥‥‥‥‥ 350克

鹽‥‥‥‥‥‥‥‥‥‥‥1小匙

黑胡椒、巴西利末‥‥‥‥ 少許

• **做法**

1 洋蔥切碎,洋菇切片。

2 起油鍋炒洋蔥,小火炒到香軟透明,約需10分鐘。

3 加洋菇炒勻。蓋著燜一下,洋菇比較容易熟透。

4 麵粉加牛奶攪拌到沒有顆粒,和鮮奶油都倒入鍋中翻炒成糊狀。

5 加蝦仁和調味料炒勻即可熄火。

6 放涼,冷藏到凝固。

Red wine beef bread
紅酒牛肉麵包

12個

• 材料
牛奶土司麵團（見第10頁）1份
（約1000克）
冰涼的紅酒燉牛肉……1份
（約800克）

• 裝飾
沙波蘿1/2份（見第55頁）、
紅椒粉少許、蛋水少許

• 做法

1 基發好的麵團分割成12份，每份約83克。

2 一一滾圓，鬆弛。

3 把沙波蘿材料加紅椒粉和勻，搓成碎粒。

4 拿一個麵團，擀成圓片。

5 刷蛋水，撒沙波蘿，約6克。

6 再擀大些，同時讓沙波蘿嵌牢。

周老師的 Special Tips

煮牛肉時加付雞骨架，一起汆燙和燉煮，這湯就可以當高湯用，若光是煮牛腱子的湯，鮮味不太夠。如果用罐頭高湯，鹽量可能要酌減。

牛腱的軟硬度非常重要，太軟太硬都會失去這道菜的美味，但也只能靠掌廚者的經驗來判斷。

紅酒牛肉也是很好的宴客菜，但若是當菜不是當餡，肉和洋蔥、胡蘿蔔都要切大塊一點比較大方。

紅酒燉牛肉

1份

• **材料**

牛腱子············600克		胡蘿蔔片···········100克	
月桂葉·············數片		紅酒·············1杯半	
洋蔥······1個（約300克）		高湯·············數杯	
紅蔥頭···········10粒		鹽·············1小匙	
培根·············3片		粗黑胡椒粉·········適量	
橄欖油···········2大匙		紅酒醋····2大匙（可省略）	

7 反過來包入1份燉牛肉（約66克），捏緊。

8 再反過來放在鋪了烤盤布的烤盤上，把四角拉尖一點。

9 若有黑橄欖可以貼幾片做裝飾。

10 最後發酵50分鐘，或發到用手輕按覺得非常鬆軟。

11 烤箱預熱到180℃，放中下層烤約18分鐘，不要把表面烤得太上色，不然就看不出裝飾效果。

• **做法**

1 牛腱汆燙一下以去血水。

2 換水，燜煮1小時。煮時可以加幾片月桂葉。

3 留在湯裡放涼再撈出，切成小指節般小塊。備用。

4 洋蔥和紅蔥頭打碎，培根切條。

5 起油鍋炒香。至少要不斷翻炒約10分鐘。

6 加入牛肉塊、胡蘿蔔和紅酒，再加高湯到蓋過表面。

7 加鹽、黑胡椒、紅酒醋調味，繼續煮到肉軟，湯汁也剩很少。

8 再嚐嚐味道，看是否需要再加調味料。熄火，放涼，冷藏。

營養三明治

芋頭甜甜圈

營養三明治

Taiwanese doughnuts sandwich

　　台灣夜市所謂的營養三明治，就是炸麵包夾美乃滋、滷蛋等等。這樣中西合璧的口味真的很好吃，也很有營養，不過熱量也很高就是了，如果像夜市所賣那樣沾上吉利皮（依序沾麵粉、蛋液、麵包粉）再發酵，熱量就更高，但是更加香脆受歡迎。

8個

● **材料**

牛奶土司或軟式餐包麵團‥1/2份
美乃滋‥‥‥‥‥‥‥‥ 適量
紅蕃茄、小黃瓜‥‥‥‥各1個
滷蛋‥‥‥‥‥‥‥‥ 2~4個
洋火腿‥‥‥‥‥‥‥‥ 4片

沾吉利皮的營養三明治

1
把基發好的麵團分割成8份，每份約63克。

2
滾圓成長圓形，鬆弛。

3
搓到超過15公分長，放在小張烤盤紙上。

4
最後發酵約40分鐘。發到用手指輕按，按痕完全不會彈回。

5
起油鍋，用刮板把麵團輕輕鏟起滑下鍋，用小火炸5分鐘。烤盤紙會自動脫落，撈掉即可。

6
中途要翻面，兩面都炸成棕色。如果希望沒有中間的白圈，就要不停翻動。

7
瀝乾油份，用食物剪刀剪開，因為剛炸好的麵包皮脆內軟，很難用刀切。

8
擠一些美乃滋，排上切片的蕃茄、小黃瓜、滷蛋和洋火腿即可。

Taro doughnuts
芋頭甜甜圈

各種根莖澱粉類都可以加入麵團裡做成發酵麵食，在中式饅頭包子裡很常見，麵包類中則以甜甜圈最常加根莖澱粉類。

加根莖類的甜甜圈鬆軟可口，但是沒有明顯的根莖類味道，如果加太多，又會造成發酵困難，本篇的芋頭比例已經盡量調高，有很好的芋頭香味。

各種根莖澱粉類的性質差異頗大，加芋頭的配方不能套用於山藥，加地瓜的配方不能套用於馬鈴薯，但是增減根莖類和水、麵粉的比例，還是不難試出可行的配方。

12個

● **材料**

芋頭（淨重）	300克
奶油	60克
快發乾酵母	4克
水	1大匙
高筋麵粉	200克
低筋麵粉	50克
細白砂糖	60克
鹽	5克
蛋	1個

周老師的 Special Tips

最後發酵發的久雖然炸時容易變形，但成品非常酥軟，即使冷了也不會變硬，不過會覺得比較油，用小烤箱烤熱再吃可以去掉很多油。

1
把芋頭切塊蒸熟，通常大火蒸20分鐘即熟透。

2
再秤一次重量，應該會多了1大匙水份（15克），所以重量如果不到315克就加水補足。（如果超過315克，應該是滲進太多水份，倒掉即可）

3
趁熱加奶油搗成泥。放涼。

4
酵母和水放入攪拌缸裡拌一拌。

5
加其它材料和奶油芋泥一起打成光滑柔軟的麵團。

6
蓋好，基本發酵2小時。

7
整形、油炸的方法和一般甜甜圈類似，請參考第64頁的做法。先撖成可以印出9個甜甜圈的大方片，鬆弛後印出。

8
剩下的麵團揉在一起，做成3、4個麻花甜甜圈。

9
最後發酵50分鐘，一定要發到非常鬆軟。

10
小火炸3、4分鐘即可，沾不沾砂糖都很美味。

PASTA MAKER BREAD

壓麵機麵包

在製做麵食時，壓麵機和攪拌缸都有「揉麵」的功能。攪拌缸適合「揉」高筋或溼潤的麵團，壓麵機適合「揉」中筋或乾燥的麵團。所以常做一般麵包者需要攪拌缸，常做包子饅頭，或本篇介紹的壓麵機麵包者，需要壓麵機。

家用壓麵機就是製麵機，雖然很方便，但也需要練習才能用的好。購買壓麵機的地方常有示範教學，也會附使用說明，多看幾次是有幫助的。

先從乾硬的麵團練習起，就是學做麵條或餃子皮餛飩皮，中式義式皆可；熟練後再學壓製包子、饅頭、麵包等較軟的麵團，因為軟麵團容易卡住和拉扯變形，壓出的麵片老是兩頭粗中間細，捲起來卻變中間胖、兩個軸心突出。幸好這些並不影響成品的口味。

壓麵機麵包的特色是出筋少，麵包拉力弱容易咬斷；組織細，沒有大孔洞。壓麵機麵包不一定是軟或硬的，同一個配方，可隨其最後發酵的程度來改變成品的軟硬。

所以壓麵機麵包的最後發酵時間沒有定數，可依個人的喜好調整，但也和氣溫有關，因為在壓麵、捲製時，麵團一直持續在發酵，如果室溫很高，捲好後麵團已經含不少空氣了，最後發酵時間自然要縮短，甚至不經最後發酵，以免麵包太過鬆軟；相反地，氣溫低時就需要較長的最後發酵，以免麵包太過硬實。

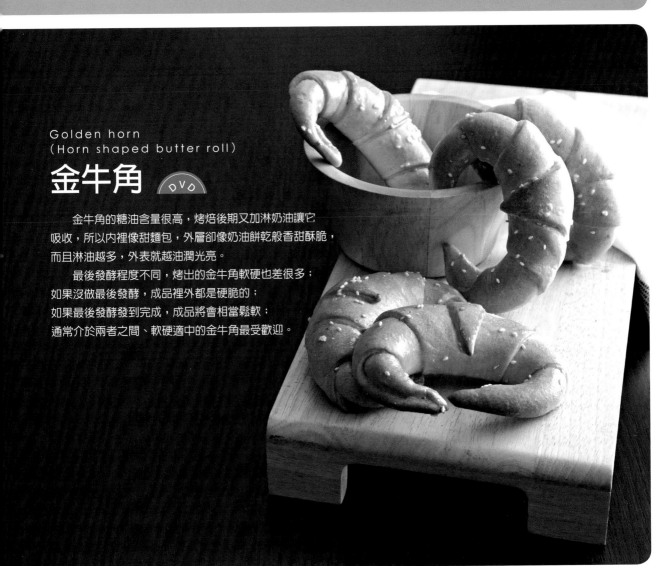

Golden horn
(Horn shaped butter roll)

金牛角 DVD

金牛角的糖油含量很高，烤焙後期又加淋奶油讓它吸收，所以內裡像甜麵包，外層卻像奶油餅乾般香甜酥脆，而且淋油越多，外表就越油潤光亮。

最後發酵程度不同，烤出的金牛角軟硬也差很多；如果沒做最後發酵，成品裡外都是硬脆的；如果最後發酵發到完成，成品將會相當鬆軟；通常介於兩者之間、軟硬適中的金牛角最受歡迎。

金牛角　12個　DVD

材料

牛奶‥‥‥‥‥‥‥‥　105 克

快發乾酵母‥‥‥‥‥‥‥　4 克

中筋麵粉‥‥‥‥‥‥‥　400 克

細白砂糖‥‥‥‥‥‥‥　80 克

鹽‥‥‥‥‥‥‥‥‥‥‥　4 克

蛋‥‥‥‥‥‥‥‥‥‥‥　1 個

奶油‥‥‥‥‥‥‥‥‥　80 克

裝飾

蛋水與白芝麻‥‥‥‥‥　少許

淋油

奶油‥‥‥‥‥‥‥‥‥　80 克

• 做法

1　把從牛奶到蛋等 6 種材料放入攪拌缸裡，用低速攪拌一陣子。因為比較乾，不太容易成團。

2　加奶油攪拌，幾分鐘就可打成均勻的麵團，摸起來結實但不失柔軟。以上步驟用手揉亦可。

3　蓋好，基本發酵 1 小時。

4　裁切一個高 25 公分、底 13 公分的三角形紙板。

5　取約 1/4 的麵團，用壓麵機或用手擀成片狀。

6　把三角形紙板放上去，用輪刀切出兩個三角形麵片。

7　秤秤看，每個麵片約重 60 克。如果太輕，就是麵片太薄，如果太重，就是麵片太厚，都可以重擀重做。

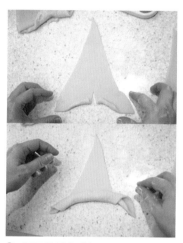

8　把三角形的底切開 3、4 公分，往上捲起來。

9　捲好，把兩端往內彎。3 個尖角必需朝向同一點。

10　共可做 12 個，排在鋪了烤盤布的烤盤上。表面刷蛋水，撒些芝麻。

11　最後發酵 30 分鐘左右。試用手指輕壓，若覺得有變軟，但按痕可以慢慢彈回一些，即是發酵到中間狀態。

12 烤箱預熱到 180℃，把烤盤放中層烤 12 分鐘。

14 用刷子把流下的奶油刷回麵包上。再烤約 8 分鐘。

除了用壓麵機以外，
　也可以用手擀整形：

1 把基本發酵完成的麵團分割成 12 份，一一搓成胡蘿蔔形。

2 擀開，長約 30 分分。

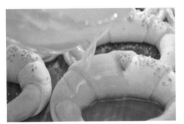

13 把 80 克奶油加熱到融化，淋在麵包上。

15 烤到表面呈漂亮的金褐色，奶油全被吸收，底部呈棕色且香脆，即可出爐。

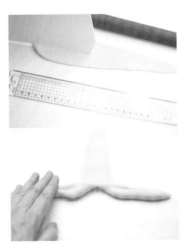

3 粗的一端切開 5、6 公分，往上捲起。

4 捲好後同樣把兩端向內彎。

Caramel Russian bread

焦糖羅宋麵包

　　據說羅宋麵包就和羅宋湯一樣，是俄國傳來的，但似乎沒什麼根據。它屬於密實性奶油麵包，有各種大小，有的軟有的硬，相同的是別緻的造型。

　　要做出美麗的羅宋麵包，得把麵團撖成均勻的薄片，切成整齊的長三角形再捲起，用壓麵機比較省力。烤前把麵團從中切開，切的深度對麵包的外觀有很大的影響，也有人故意切兩三刀，每刀之間稍微錯開，烤出的花樣又不太一樣。

　　麵團裡的焦糖牛奶，加上烤焙後期淋上的奶油，混合而成的香甜味道是這款麵包的特色。不過，對常吃市售麵包糕餅的人而言，這配方的香味並不突出，畢竟市售品添加的焦糖香料比天然食物濃郁太多了。

　　如果「焦糖麵包」之名使您期待更香更甜的產品，煮焦糖牛奶時份量不妨加倍，多餘的最後淋在烤好的麵包上，或者把麵包撕成小塊沾焦糖牛奶享用。

準備工作
煮焦糖牛奶

1　先準備 130 克熱牛奶。

2　把 100 克砂糖放入炒菜鍋裡，用中火乾炒。

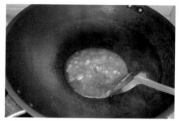

3　糖開始融化時會有些顆粒。

4　等顆粒消失，立刻把熱牛奶倒入，要小心會噴濺。

5　攪拌一下即可熄火。份量應該只剩 160 克左右。

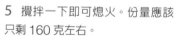

6　如果有焦糖或奶蛋白顆粒，可放涼後用食物處理機或果汁機打勻。

焦糖羅宋麵包　4個

材料

焦糖牛奶⋯⋯⋯⋯⋯ 160 克
中筋麵粉⋯⋯⋯⋯⋯ 400 克
快發乾酵母⋯⋯⋯⋯⋯4 克
鹽⋯⋯⋯⋯⋯⋯⋯⋯⋯4 克
蛋⋯⋯⋯⋯⋯⋯⋯⋯⋯1 個
鮮奶油⋯⋯⋯⋯⋯⋯ 80 克

淋油

奶油⋯⋯⋯⋯⋯⋯⋯ 60 克

做法

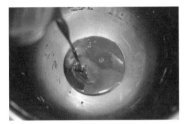

1　秤 160 克焦糖牛奶到攪拌缸裡，如果份量不足，加水補充到 160 克。

2　加入麵粉到鮮奶油等 5 種材料，一起攪打均勻，約需 5 分鐘。千萬不要將奶油加入。

3　蓋好，基本發酵 1 小時。

4　分割成兩份。

5　一一用壓麵機壓至光滑整齊。

6　壓到刻度2，長約55公分，寬約14公分（如果沒有壓麵機就用手擀，只是比較費力）。

7　切成 2 個長三角形。

8　捲起來。

9　同法做好 4 個，排在鋪了烤盤布的烤盤上。

10　最後發酵 1 小時。試按看看，發到自己喜歡的鬆軟度即可，若覺得不夠軟就繼續發酵。

11　用利刀沾水縱向割開，但不要割到軸心。

12　烤箱預熱至 180℃，放中下層烤約 15 分鐘，直到整體呈金黃色。隨著烤焙，麵包的刀紋會漸漸張開，直到攤平。

13　把奶油煮到融化，平均淋在麵包上使之吸收。

14　用刷子把流到烤盤上的奶油沾起，再刷在麵包上。淋奶油後繼續烤 5 分鐘即可。

葡萄乾木柴麵包

黑芝麻木柴麵包

木瓜柳橙木柴麵包

Log bread
木柴麵包

3條

• 材料

牛奶‧‧‧‧‧‧‧‧‧‧‧‧‧ 440克
快發乾酵母‧‧‧‧‧‧‧‧‧‧‧10克
中筋麵粉‧‧‧‧‧‧‧‧‧ 1000克
細白砂糖‧‧‧‧‧‧‧‧‧‧ 150克
鹽‧‧‧‧‧‧‧‧‧‧‧‧‧‧‧‧10克
奶油（室溫軟化）‧‧‧‧‧ 100克

• 做法

1 牛奶到鹽等5種材料攪拌成團。

2 加奶油再攪拌一下，用手揉成團，不太光滑也無妨。

3 蓋好，基本發酵1小時，直到麵團有明顯變大，也變得鬆軟。

4 分成3份，一一用壓麵機反覆壓成光滑整齊的長麵片。如果需要，可撒少許麵粉防黏。

5 如果要加蜜紅豆、葡萄乾等顆粒，就在此時撒在長麵片上，壓緊。

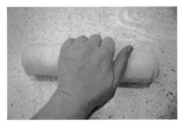

6 緊緊捲起來。麵片的寬度原本和壓麵機相同，只有14公分，捲好順手搓長，讓長度超過25公分，直徑約5公分。

7 三條都做好，排在烤盤上，盡量分開。

8 天氣熱時不用最後發酵，天氣寒冷時最後發酵30分鐘。發酵時不要太乾燥，但也不要在麵包上噴水霧，以免表皮起皺。

9 烤箱預熱至180℃，放在中下層烤25~28分鐘。

10 剛烤好有點太軟，等放涼再切片食用才像木柴麵包。冰涼後甚至更美味，組織也更細緻。

木柴麵包最常見的口味就是捲入各種顆粒餡料，捲入的份量可以隨意，本食譜裡的一條麵包捲入的餡量如下：

葡萄乾木柴麵包
葡萄乾80克

蜜紅豆木柴麵包
蜜紅豆120克

肉鬆木柴麵包
肉鬆30克（撒肉鬆前先噴點水霧，以免太乾黏不住）

黑芝麻木柴麵包
芝麻餡50克（黑芝麻粉30克、砂糖和水各10克，拌勻後抹在麵團上）

蜜紅豆木柴麵包

火龍果蔓越莓
木柴麵包

肉鬆木柴麵包

　　市售木柴麵包常添加色素香料以增加變化，這裡介紹兩種天然的彩色麵團：加紅色火龍果做的紅色麵團，以及加木瓜做的橙色麵團。紅色火龍果和木瓜不但顏色鮮艷，而且沒有明顯的酸味，很適合為麵包染色，但是木瓜含有酵素，遇到蛋白質常會產生苦味，必需先煮過。

Dragon fruit and dry cranberry Log bread

火龍果蔓越莓木柴麵包

1 條

• **材料**

紅色火龍果肉	25克
牛奶	122克
快發乾酵母	3克
中筋麵粉	333克
細白砂糖	50克
鹽	3克
奶油（室溫軟化）	33克
蔓越莓乾	60克

• **做法**

1　把紅色火龍果的果肉打成泥，加其它材料揉成紅麵團。

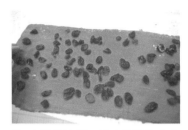

2　之後做法與一般木柴麵包完全相同，捲入蔓越莓乾。

Papaya and candied orange peel Log bread

木瓜柳橙木柴麵包

1 條

• **材料**

木瓜肉	160克
快發乾酵母	3克
中筋麵粉	333克
細白砂糖	35克
鹽	3克
奶油（室溫軟化）	36克
橙皮蜜餞	60克

• **做法**

1　把木瓜肉打成泥、煮沸，加點水還原到 160 克，放涼。

2　加其它材料揉成橙色麵團。

3　之後做法與一般木柴麵包完全相同，捲入橙皮蜜餞。

周老師的 Special Tips •

手工捲製的木柴麵包，烤好有時會在兩側裂開，或表面有些起皺，沒有關係。

Animal shaped bread

動物麵包

4種共16個

材料

金牛角麵團（見74頁）
　　　　　　1份（720克）

• 巧克力金牛角麵團
　　　　　　1份（720克）

直徑約1公分的巧克力球
　　　　　　　　32個
白巧克力　　　　　 少許
葡萄乾　　　　　　8粒

• **特殊工具**

直徑約1公分的小鋼球32個（可
用夏威夷豆、龍眼核等代替）

• **裝飾**

蛋水適量、紅色水龍果原汁
　　　　　　　　 少許

• **做法（基本）**

1　動物麵包不淋油，金牛角配方
裡的淋油部份省略。用10克可可
粉取代15克中筋麵粉即可做成巧
克力金牛角麵團。

2　因為兩種麵團都不再用壓麵機
壓，所以攪打要比金牛角徹底，要
打到光滑。

3　因為整型費時，可以省略基本
發酵，只要鬆弛15分鐘即可開始
製做。

4　暫時不用的麵團要蓋好，以免
乾裂。

5　組合各個部份時請用蛋水黏合，
完成後表面也要刷蛋水。

6　最後發酵30分鐘。

7　烤箱預熱到180℃，放中下層
烤15分鐘即可。

8　如果有用到小鋼球，出爐後趁
溫熱時用小叉子挑出，放入巧克力
球，如果等冷卻才做，就要準備一
些融化的巧克力來黏住巧克力球。

Schnauzer bread

雪納瑞麵包

材料 4個

黑麵團360克（其餘材料同前面材料表）

1 把黑麵團分成8等份，其中4等份一一揉成橢圓形，壓扁當臉。

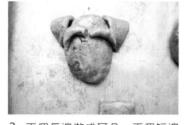

3 兩個長邊做成耳朵，兩個短邊做成眉毛。

5 剩下的麵團揉圓擀扁，剪成鬍子。鼻子處壓個鋼球。

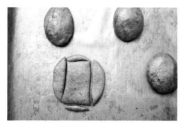

2 另4等份揉圓，擀成圓片，如圖般切下4邊。

4 把小鋼球壓入眼睛的位置。

6 不用刷蛋水，烤好後用毛刷把融化的白巧克力刷在眉毛、鬍子上。

Bear bread

小熊麵包

- **材料** 4個

  黑麵團‧‧‧‧‧‧‧‧‧‧‧ 300克

  白麵團‧‧‧‧‧‧‧‧‧‧‧ 60克

  （其餘材料同前面材料表）

1 把黑麵團分成 5 等份，其中 4 等份揉圓、壓扁當臉。

2 另一等份搓成圓柱體，切成 8 份當耳朵。

3 把白麵團分成 8 等份，其中 4 等份揉圓、壓扁、用小湯匙用力壓出嘴型，要壓到底，只差沒壓破。

4 貼在臉上當嘴。

5 另外 4 等份再各分為 2，一一揉圓，放在耳朵上一起壓扁。

6 把耳朵放在臉的上後方，也用蛋水黏住；把小鋼球壓入眼睛和鼻子的位置。

7 做任何壓的動作，及把鋼球壓入，都要用力，否則發酵烤焙後會走樣。

Carb bread
螃蟹麵包

● **材料** 4個

白麵團‧‧‧‧‧‧‧‧‧‧ 360克

（其餘材料同前面材料表）

1 把白麵團分成 8 等份，其中 4
份壓扁，切成 5 條。

2 排成蟹腳狀，螯用剪刀剪開。

3 另 4 份揉圓、壓扁，蓋在蟹腳上。

4 用利刀割一道像笑臉的彎線。

5 用紅色火龍果原汁代替水份來
調蛋水，刷在表面。

6 烤好後在身體前面黏兩個葡萄
乾當眼睛。可用刷小狗剩下的白巧
克力來黏。

Piggy bread
小豬麵包

● **材料** 4個

白麵團‧‧‧‧‧‧‧‧‧‧ 300克

黑麵團‧‧‧‧‧‧‧‧‧‧‧60克

（其餘材料同前面材料表）

1 把白麵團分成 4 等份，一一揉
圓、壓扁當臉。

2 把黑麵團分成 8 等份，4 個揉
圓、壓扁，貼在臉上當鼻子。

3 4 個搓長、擀扁、切成兩半，貼
在臉上當耳朵。

4 把小鋼球壓入眼睛的位置。用
筷子用力壓出鼻孔。

脆皮歐式麵包

　　脆皮歐式麵包趁熱吃非常可口，皮薄脆，麵包肉柔軟
卻有嚼勁，又因為不含糖，油量也很少，所以味道清淡，
可以搭配任何麵包抹醬。

　　糖油含量低的麵包容易老化，所以一冷掉就要盡快密
封包裝，再度食用時「先蒸再烤」，就是先把麵包蒸軟了，
再用小烤箱高溫快速烤到表皮香脆，這樣就不會比新出爐
的麵包遜色。

基本麵團 Hard bread dough
脆皮歐式麵包

材料

水	300 克
低糖乾酵母	5 克
麥芽精	1 克
高筋麵粉	500 克
鹽	8 克
奶油	30 克

做法

1 從水到鹽等5種材料放入攪拌缸，攪打到成團。

2 加奶油，打到光滑的擴展階段。

3 滾圓，蓋好，基本發酵2小時。

Crusty dinner roll

脆殼小餐包

20 個

• **材料**

脆皮歐式麵包麵團 1 份

• **裝飾**

蛋白・・・・・・・・・・・・・・・・・ 少許

• **做法**

1 把基發好的麵團分成 20 份，每份約 42 克。一一滾圓。

2 把蛋白打起泡，刷在表面，烤好會有斑點裝飾效果。此步驟亦可省略。

3 最後發酵 30 分鐘，直到麵包非常鬆軟。

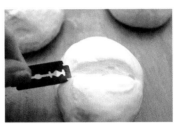

4 烤箱預熱到 220℃。在麵包上切一刀，深度約 1 公分。

5 立刻放到烤箱中層烤 12 分鐘，或烤到表面呈棕色即完成。拿起來覺得非常輕就是正確的。

甜味麵包抹醬

蔓越莓醬

1 新鮮或冷凍蔓越莓 80 克、糖 40 克，一起打成泥。

2 煮沸。冷藏後會自然凝結成凍。

乳酪核桃醬

1 奶油乳酪 90 克，蜂蜜 15 克，攪拌均勻。

2 加碎核桃 15 克拌勻即可。

無花果醬

1 無花果乾（軟質的，不是熬湯用的乾硬無花果）60 克，切成小塊，用熱水 60 克浸泡 10 分鐘。

2 一起打成泥即可。

鹹味麵包抹醬

法蘭克福肉醬

1 法蘭克福小香腸 3 根約 65 克、水 60 克、麵粉 1/4 小匙，一起打成泥。

2 煮沸，嚐嚐，加少許鹽和黑胡椒

香草奶油

1 軟質奶油 120 克，鹽 1/4 小匙，乾燥巴西利和羅勒適量，拌勻即可。

2 軟質奶油 超市有售，如果室溫不很低，用一般奶油亦可。

鱈魚肝醬

1 罐頭鱈魚肝 1 罐，連同油汁淨重約 120 克，一起打成泥即可。

2 若喜歡可加少許山葵粉。

　　德國紐結麵包(German Pretzel)的外形非常有特色，褐色的表皮、乳白色的麵包肉，和最具代表性的盤繞線條；而每一個德國紐結麵包有兩種不同的口感，粗大的身體外脆內軟，細長的「手臂」又硬又脆，也是吸引人之處。

　　製做德國紐結麵包需要Lye water，能讓麵包表皮顏色黑而有特殊風味。自製Lye water是用氫氧化鈉調成3%的溶液，就是氫氧化鈉每3克加水97克，但必需購買食品級的氫氧化鈉。也有人用小蘇打代替，效果稍差。

　　本食譜使用烘焙材料行容易購得的香港鹼水（通常用來做廣式月餅或油麵等），而且濃度調的很低，所以麵包的顏色不會很深，也不會有苦味。無論氫氧化鈉、小蘇打或鹼水，多少都有腐蝕性，使用時請注意安全，不要沾到眼睛，也不要讓小朋友拿到。

German Pretzel
德國紐結麵包

12個

• **材料**

脆皮歐式麵包麵團⋯⋯⋯1份

鹼水⋯⋯⋯⋯⋯⋯⋯60克
冷水⋯⋯⋯⋯⋯⋯⋯ 300克
粗鹽粒（可省略）⋯⋯ 少許

• **做法**

1 打好的麵團不用基本發酵，分成12份，每份約70克。

2 一一滾圓，順手搓長成30公分，中間粗兩端細。放著鬆弛15分鐘。

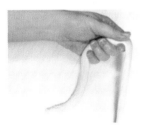

3 一手拿著中間的「身體」，一手把兩端搓的非常細長。應該不需要用手粉，如果很黏就用一點點，但不可太多，以免太光滑沒有黏性反而無法搓長。

4 拿起兩端，互相交叉兩次再黏在「身體」上。如果無法黏住，可以沾點水。放著片刻讓麵團定形。

5 把鹼水和冷水混合，裝在大小合宜的深盤裡。

6 把麵團小心拿起，放入鹼水中，浸30秒。如果表面浸不到，輕輕搖晃深盤即可。

7 撈起，瀝乾，放在鋪了烤盤布的烤盤上。

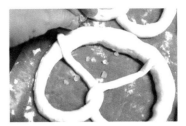

8 撒上粗鹽粒（食用時可剝掉）。

9 最後發酵50分鐘。溼度不用太高，中等即可。

10 烤箱預熱到200℃。用利刀在「身體」上橫劃一刀，深約1公分。

11 把烤盤放到中上層，烤約15分鐘，直到表面成為褐色即可。

German dinner roll

德式餐包堡

12個

• 材料

脆皮歐式麵包麵團‧‧‧‧‧‧1份

• 做法

1 把基發好的麵團分割成12份，一一滾圓。

2 同樣浸鹼水30秒，撒不撒粗鹽皆可。

3 最後發酵後，用刀切十字（只切一刀亦可）。

4 以200℃在中層烤15分鐘。

5 橫切開，夾德式肝腸或香腸食用。

Kaiser roll
凱薩餐包

12個

- **材料**

  脆皮歐式麵包麵團‥‥‥‥1份

  芝麻‥‥‥‥‥‥‥‥‥適量

- **做法**

1 把基發好的麵團分割成12份，
一一滾圓。

2 稍壓扁，用拗彎的軟質刮板壓
出五道凹痕，要壓到底，只差沒切
斷麵團。

3 噴點水霧，撒芝麻。皇帝餐包
也是一種德式餐包，上面常撒罌粟
籽，但台灣不易買到。

4 最後發酵與烤焙和德式餐包相
同，但不用浸鹼水。

周老師的Special Tips

壓壓痕時如果不夠用力，烤好看
不出花樣；如果太用力，可能會
如右圖般裂開，是正常的。德國
有專用的壓這種花紋的工具，很
方便而且效果好，也有人把麵團
搓長打結遶成五瓣花樣。

Grissini
義式麵包棒

60 根

● 材料

脆皮歐式麵包麵團‧‧‧‧‧‧1 份
芝麻或各種乾燥香料‧‧‧‧適量

● 做法

1 把超過 1/3 的麵團擀開,用輪刀切出 10×20 公分左右的長方片。

2 秤剩下的麵團重量,確定長方片用掉 1/3 麵團,約 280 克。

3 切成 20 小條。

4 一一搓長到 20~25 公分。

5 排在烤盤布上,要邊緣排的緊中間排的鬆,烤焙火候比較均勻。

6 依法做另兩盤。

7 如果要做變化口味,可在搓長時揉入芝麻或各種乾燥香料,圖中是小茴香籽和巴西利末。

8 烤箱預熱到 180℃,放中上層烤 15 分鐘,熄火用餘熱再燜片刻。

周老師的 Special Tips ●

細小的麵包通常要縮短烤焙時間,但麵包棒以降低溫度為宜,火候會比較平均。這樣做的缺點是成品比較乾,但麵包棒本來就是乾而脆的開胃小點,尤其是捲上義式生火腿更為美味。如果要當點心吃,可以用辮子麵包麵團做麵包棒,比較柔軟香甜。

法國麵包

法國麵包的材料只限於麵粉、水、酵母和鹽，使用太精製的麵粉就不容易發酵，最好使用低糖酵母，並且添加少許麥芽酵素，不然就得加些糖。

法國麵包在烤焙時必需膨脹到表面的割紋明顯裂開才算成功，而且內部孔洞又大又多、拿起來很輕，這樣品嚐起來表皮香脆、麵包肉柔軟又有彈性。

成份越低的麵包越容易老化，所以法國麵包一定要盡快吃，才能享受到它的美味。如果不打算現烤現吃，請減少烤焙時間（著色淡一點），冷卻後盡快包裝好冷凍起來，等要吃時再取出解凍，噴點水霧，用小烤箱高溫快烤一下。

製做法國麵包通常使用法國麵包專用粉，或者以高筋麵粉7成和低筋麵粉3成混合到蛋白質含量11%左右。以部份高筋全粒粉取代高筋麵粉，對法國麵包的發酵和風味都有幫助，但最多只可取代到一半。

用一般家用烤箱烤法國麵包

用一般家用烤箱烤法國麵包，效果總是不好，可以向烤箱廠商訂製一塊石板放在底部；石板能吸收很多熱量，麵團放上去不會降溫，才能順利膨脹，和pita的原理類似。不過石板的缺點是很重，預熱又很花時間和電力，至少要30分鐘以上。

法國麵包的烤焙初期，烤箱裡如果有蒸汽，膨脹的效果會更好。大部份家庭烘焙者沒有蒸汽烤箱，製造少量蒸汽最簡單的方法是朝著烤箱上方熱源噴水霧，但請注意，有些烤箱是不能這麼做的，有些石板也不能被水滴到，否則會裂。

法國麵包麵團非常溼軟，整形、移動、烤焙都很困難，如果有發酵布、法國刀、大鏟板會比較容易。

麵團整形後放在撒了手粉的發酵布上，把布折起隔開一條條麵包，可以維持筆直的形狀，發好後也比較不會黏住而難以鏟起。若沒有發酵布，可把麵團放在等大的烤盤紙上，烤焙時連烤盤紙一起鏟進爐。

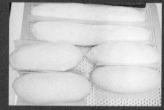

法國刀用來在麵團上割刀紋，其實就是刮鬍刀片加上把手，極其銳利。

大鏟板用來把發好的長形麵包送進烤箱，可以自己用薄木板或白鐵片製做，約40x12公分大小。用兩片刮板代替也可以，只是不太好拿，而且若是塑膠刮板就要小心，不能觸及石板，以免燙壞。

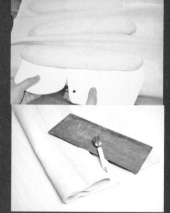

圖右是法國刀和家庭用的小塊發酵布（約100×50公分），以及一片自製的木質大鏟板。

基本麵團 French bread dough

法國麵包

材料

水	360 克
麥芽精	1 克
低糖乾酵母	5 克
高筋麵粉	350 克
低筋麵粉	150 克
鹽	10 克

做法

1 全部材料放入攪拌缸，用低速攪拌成團，再用中速攪拌到擴展。法國麵團不含油所以非常黏，本配方水量又多，若用手揉，像在搓麵糊，這是正常的。

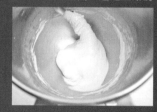

2 蓋好，基本發酵2小時30分，1小時30分翻麵。

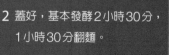

多孔洞

割紋斷裂

Campagne

橢圓
法國麵包

8個

• 材料

法國麵包麵團・・・・・・・・・ 1份

• 周老師的 Special Tips

這是比較簡單的法國麵包。因為麵團非常黏，在分割整形時，一定要使用手粉防黏，但盡量不要把乾麵粉揉進麵團裡；麵團表面要隨時保持有一點乾粉才不會黏住，又不能多，一多就滑，無法整成想要的形狀。

可以趁熱塗一點蔥蒜奶油，很受歡迎。把奶油30克、蒜鹽1/2小匙、糖1小匙，乾蔥末少許一起拌勻即是蔥蒜奶油，也可以加些咖哩粉。（若沒有蒜鹽就用鹽1/2小匙和少許新鮮蒜泥代替）

• 整形

1 在工作台上撒手粉，把麵團刮到手粉上。

2 分割成8份，每份約109克，一一滾圓。請注意滾圓的手法是兩手捧著下方沾有手粉處，往上合攏，上面沒有手粉就會黏在一起。

3 接著輕拍麵團，把大氣泡拍掉，然後捲起，兩手輕搓兩端，搓成橄欖形。

4 光滑面朝上，放在撒了手粉的發酵布上，每排之間用發酵布折高隔開。

5 最後發酵30分鐘，直到脹得胖胖的。如果沒有發酵箱，放在室溫中需要發酵更久，甚至超過1小時。發酵溼度不必太高，只要表面不會乾燥到結硬皮即可。

• 烤焙

1 烤箱預熱至220℃。石板需要預熱很久才有效果，所以麵團開始最後發酵時烤箱就可以開始預熱。

2 在麵團上割1條刀紋，刀鋒應斜著進入麵團，輕輕劃破表皮，深約0.5公分。如果覺得很難，可在表面篩點乾麵粉，會比較好割。

3 用鏟板或刮板把麵團鏟起，小心地移到石板上，輕輕推進去。每個之間要有些距離。

4 如果可以，對著烤箱上方多噴點水霧。

5 麵包上的割紋在20分鐘以內會裂開，中間膨起。

6 接下來的5分鐘，把烤箱調成單開上火，或者把麵包移到較上層的烤架上，以免底部過焦。烤到喜歡的顏色即可出爐。

Bacon epi
培根麥穗麵包

8條

• **材料**

法國麵包麵團‧‧‧‧‧‧‧‧‧‧1份

低脂培根‧‧‧‧‧‧‧‧‧‧‧‧‧8片

黑胡椒粉‧‧‧‧‧‧‧‧‧‧‧‧適量

• **做法**

1　把麵團分割成8份，每個約109克。

2　滾圓（其實是滾長比較方便）。鬆弛20分鐘。

3　搓成與培根差不多長，拍扁，放一片培根在上面。

4　緊緊捲起來，接口捏緊。

5　表面撒些黑胡椒粉，搓一搓使之黏住。

6　排在鋪了烤盤布的烤盤上，用剪刀斜剪6~7刀。剪斜一點，要剪到3/4深。

7　一節節左右分開。

8　最後發酵30分鐘。

9　烤箱預熱至220℃，放中層烤15分鐘即可。

周老師的 Special Tips •

這種口味非常受歡迎，而且不用石板和蒸汽，什麼烤箱都能烤，可當法國麵包的入門款，藉此適應軟黏的麵團。

Baguette
長形法國麵包

4 條

• 材料

法國麵包基本麵團‧‧‧‧‧‧1 份

• 做法

1　麵團分割成 4 份，每個約 218 克。盡量分割成大小一致的長方形。

2　用兩手把麵團捧起，往內聚攏，讓沒有手粉的上方彼此黏住，留在外面的部份都沾有手粉。

3　然後輕拍麵團、捲起，兩手均勻施力，輕輕搓成 30 公分長。

4　光滑面朝上，放在撒了手粉的發酵布上，每個之間用發酵布折高隔開。

5　最後發酵30分鐘，直到脹得胖胖的。如果沒有發酵箱，放在室溫中需要發酵更久，甚至超過 1 小時。發酵溼度不必太高，只要表面不會乾燥到結硬皮即可。

6　烤箱同時預熱。

兩刀相隔約 1 公分

兩刀重疊 2~3 公分

7　在發好的麵團上割 3 條刀紋。刀鋒要斜著進入麵團，割法如上圖。

8　依法送入烤箱。麵團比較長，需要用大鏟板或同時用兩片刮板才能將之鏟起。

9　烤焙法與橢圓法國麵包相同。

周老師的 Special Tips •

　　法國麵包越長越難做，初學者先做到30公分長即可，等熟練後再慢慢延長到40公分，烤箱多大就能做多長。

SOFT FRENCH BREAD

軟式法國麵包

軟式法國麵包做法比一般法國麵包容易，因為加了少許糖油，而且烤焙時有無蒸汽皆可，所以吃起來和扎實的土司差不多，也有些市售軟法幾乎鬆軟的像甜麵包。

軟法可以捲餡烤焙成長條麵包，再切片或切塊食用，也可以做成中小型麵包，烤好再切開夾餡。

捲餡烤焙的麵包內部常常會有很大的空洞，尤其是鬆散的餡；烤焙後會融化的乳酪造成的空洞更大，乳酪也幾乎看不到了，最好使用高融點乳酪。

基本麵團 Soft French bread dough
軟式法國麵包

材料

水 · 300 克
快發乾酵母 · · · · · · · · · · · · · · · · · · 5 克
高筋麵粉 · 500 克
細白砂糖 · 30 克
鹽 · 6 克
奶油 · 30 克

做法

1 把從水到鹽等5種材料放入攪拌缸，用慢速攪拌成團，再加奶油攪打到麵筋擴展。

2 基本發酵2小時，1小時20分鐘時翻麵。

Cheese soft French bread
起司軟法

2~3條

- **材料**

  軟法麵團‧‧‧‧‧‧‧‧‧‧‧‧‧ 1份

  高融點起司‧‧‧‧‧‧‧‧ 240克

  火腿丁‧‧‧‧‧‧‧ 少許（可省略）

- **裝飾**

  紅椒粉‧‧‧‧‧‧‧‧‧‧‧‧‧ 少許

- **做法**

1 把發好的麵團分割成 2 或 3 等份，滾圓，鬆弛。

2 擀成 15~20 公分的圓形。

3 撒上高融點起司，也可以撒點火腿丁配色。

4 緊緊捲起來，接口捏緊。

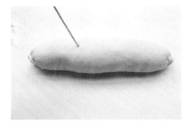

5 用刺針刺幾個洞，再搓一搓，盡量把捲入的空氣擠出來。

6 撒點紅椒粉做裝飾。

7 最後發酵 50 分鐘，至用手輕壓覺得鬆軟即是發酵完成。

8 烤箱預熱至 190℃。

9 用利刀沾水在表面斜劃刀紋，放在中下層烤約 20 分鐘即可。

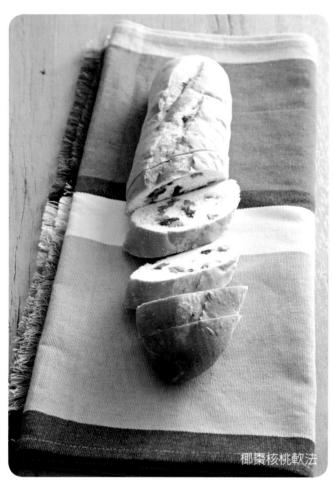

椰棗核桃軟法

奶油夾心軟法

巧克力夾心小軟法

香蔥軟法

Date and walnut soft French bread

椰棗核桃軟法

2~3條

- **材料**

  軟法麵團⋯⋯⋯⋯⋯⋯ 1份

  椰棗（淨重）⋯⋯⋯ 120克

  碎核桃仁⋯⋯⋯⋯⋯ 120克

- **做法**

1 先把椰棗去子切碎，再秤重。

2 麵團與起司火腿軟法一樣擀開，然後撒椰棗與核桃，捲起來。

3 最後發酵50分鐘，至用手輕壓覺得鬆軟即是發酵完成。

4 烤箱預熱至190℃。

5 用利刀沾水在表面斜劃刀紋，放在中下層烤約20分鐘即可。

Soft French bread with
buttercream filling

奶油夾心軟法

6個

- **材料**

  軟法麵團⋯⋯⋯⋯⋯⋯ 1份

- **奶油餡**

  奶油（室溫軟化）⋯⋯ 180克

  糖粉⋯⋯⋯⋯⋯⋯⋯⋯ 60克

  香草籽⋯⋯⋯⋯⋯⋯⋯ 少許

- **做法**

1 把發好的麵團分割成6個，每個約145克，一一滾圓，鬆弛。

2 搓成長橄欖形，長15~20公分。

3 最後發酵45分鐘。圖中是把一份麵團分成3份，各做成一條起司、一條椰棗核桃，和兩個奶油夾心軟法。

4 烤箱預熱至190℃。

5 在麵團表面劃刀紋，噴水霧，放入烤箱中下層烤15~20分鐘。

6 冷卻後橫切開。

7 把奶油、糖粉、香草籽攪拌均勻。

8 擠或抹在切開的麵包裡即可。

- 周老師的 Special Tips

  市售軟法的夾心比較白，是因為使用白油。

Soft French bread with chocolate filling
巧克力夾心小軟法

9個

3

5

8

9

● 材料

水	‥‥‥‥‥‥‥	300克
快發乾酵母	‥‥‥‥‥	5克
高筋麵粉	‥‥‥‥‥	450克
可可粉	‥‥‥‥‥	40克
細白砂糖	‥‥‥‥‥	30克
鹽	‥‥‥‥‥‥‥	3克
奶油	‥‥‥‥‥‥	30克

● 巧克力奶油餡

奶油	‥‥‥‥‥‥	120克
牛奶巧克力	‥‥‥‥	120克

● 做法

1 麵團的攪打、發酵與一般軟法麵團相同。本配方鹽量比較少，因為可可味與鹽味不太合。

2 分割成9個，每個約95克，一一滾圓。

3 搓成長橄欖形，最後發酵40分鐘。

4 烤箱預熱至190℃。

5 在麵團表面切一刀，噴水霧，放入烤箱中下層烤約12分鐘。

6 冷卻後橫切開。

7 把奶油隔水加熱到融化，牛奶巧克力切碎加入，攪拌到融化。

8 如果太軟，冷藏片刻使之稍硬才便於塗抹。

9 擠或抹在切開的麵包裡即可。當然，巧克力軟法也可以夾一般奶油餡，一般軟法也可以夾巧克力奶油餡。

周老師的 Special Tips

本配方有明顯的苦味，若不喜歡可以減少可可粉所佔的比例。奶油夾心軟法和巧克力夾心軟法，填入夾心後一樣可以冷藏保存。如果想吃軟熱的，用小烤箱快速烤一下，不要讓奶油餡融化。

Scallion soft French bread
香蔥軟法

6個

- **材料**

  軟法麵團‧‧‧‧‧‧‧‧‧‧‧‧‧1份

- **香蔥餡**

  蔥末‧‧‧‧‧‧‧‧‧‧‧‧‧ 100克

  奶油（室溫軟化）‧‧‧‧‧20克

  鹽‧‧‧‧‧‧‧‧‧‧‧‧‧‧‧‧‧2克

- **做法**

1 把發好的麵團分割成 6 個，每個約 145 克，一一滾圓，鬆弛。

2 把蔥末、奶油、鹽拌勻。

3 把麵團擀成圓片，上半各抹 1/6 香蔥餡。

4 捲起來，接口捏緊。

5 最後發酵 45 分鐘。

6 烤箱預熱至 190℃。

7 在麵團表面直切一刀，讓蔥花餡露出一些。

8 噴水霧，放入烤箱中下層烤 16~18 分鐘。

9 烤過的蔥花餡很香，但會變色，如果希望有翠綠的蔥花，就要在出爐前一兩分鐘再抹些蔥花餡在麵包上。

佛格斯（Fougasse），是一種法式麵包，形狀很有趣，加了橄欖和培根的微鹹味道很甘香很耐吃，但也有甜的佛格斯。

Olive Fougasse
橄欖佛格斯

18片

• 材料

黑橄欖罐頭汁加水‥共	370克
快發乾酵母	6克
高筋麵粉	600克
細白砂糖	15克
鹽	6克
橄欖油	30克
罐頭黑橄欖	1罐

• 做法

1 先把橄欖從罐裡瀝出，切片。

2 罐頭湯汁加水加到370克，加上酵母等4種材料，用攪拌機打成團。

3 加橄欖油打到擴展，再加黑橄欖片拌勻。

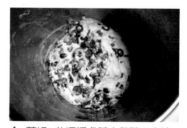

4 蓋好，放溫暖處基本發酵1小時。

5 秤重，分割成18份（每份約66克）。如果太黏可以撒點手粉。

6 滾圓（大致捏成圓形即可），鬆弛。

7 擀成大於 10 公分的薄片，排在烤盤上。

8 用滾輪刀割 7 道刀口，上方 1 道，左右各 3 道。

9 拉開麵片，讓刀口撐開。

10 最後發酵 30 分鐘。

11 烤箱預熱至 220℃，放中或中上層，烤約 9 分鐘；如果顏色太淺，可再烤 1、2 分鐘。

周老師的 Special Tips

本食譜所用的罐頭連汁共重 400 克，橄欖重約 170 克。如果喜歡空洞大一點，做法 7）就不用擀得太大太薄，之後刀口割長些，拉開些，空洞就會更大。

Bacon Fougasse
培根佛格斯

18 片

• 材料

低脂培根⋯⋯ 1 包（200 克）
水⋯⋯⋯⋯⋯⋯⋯ 400 克
快發乾酵母⋯⋯⋯⋯⋯ 6 克
高筋麵粉⋯⋯⋯⋯⋯ 600 克
細白砂糖⋯⋯⋯⋯⋯ 15 克
鹽⋯⋯⋯⋯⋯⋯⋯ 10 克
黑胡椒粉⋯⋯⋯⋯⋯ 少許
橄欖油⋯⋯⋯⋯⋯⋯ 15 克

• 做法

1 把培根切條，放鍋裡乾炒到發出香味。放涼。

2 把其它材料放入攪拌缸裡打成團，橄欖油最後加，一起打到擴展。

3 把炒好的培根加入攪拌均勻。

4 之後的做法與橄欖佛格斯完全相同。麵團一個約 65 克。

Braided bread
辮子麵包

辮子麵包是歐洲傳統的手工麵包，有各種大小和編法，模樣非常可愛，而且有很多香脆的表皮。只要不太溼黏的麵團都可以編成辮子，以下介紹的是很有彈性和嚼勁的美味雞蛋麵包配方。

5 種辮子麵包各 1 條

• 材料

水·················· 200 克
快發乾酵母··········· 5 克
高筋麵粉··········· 500 克
細白砂糖··········· 50 克
鹽·················· 7 克
蛋·················· 1 個
蛋白················ 1 個
奶油··············· 50 克

• 裝飾

1 個蛋黃加半大匙水調成蛋水

• 做法

1 把從水到蛋白等材料放入攪拌缸，打成團，再加奶油打到擴展。

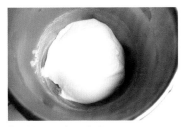

2 基本發酵 1 小時。

3 分割成 30 份，每份接近 30 克。一一滾圓，順手搓長。

4 鬆弛，再一一搓長到 20 公分以上，兩端略尖。

5 全搓好，就從第一條開始，取需要的條數排在工作台上，一頭捏緊，開始編結，編好後尾端也捏緊。

6 刷蛋水，最後發酵 30 分鐘。

7 把烤箱預熱至 175℃。

8 再刷一次蛋水，放入中層烤 15~18 分鐘即可。

編辮子的口訣如下：

4 股辮子口訣是　2-3、4-2、1-3

5 股辮子口訣是　2-3、5-2、1-3

6 股辮子口訣是　6-4、2-6、1-3、5-1

7 股辮子口訣是　1-4、7-4

8 股辮子口訣是　8-5、2-8、1-4、7-1

• 以 6 股辮為例說明如下

1 6-4 的意思就是把原本的第 6 條移位，成為新的第 4 條

2 2-6 是把第 2 條移位，成為第 6 條

3 1-3 是把第 1 條移位，成為第 3 條

4 5-1 是把第 5 條移位，成為第 1 條

5 接著重覆 6-4，把第 6 條移位，成為第 4 條，會感覺像是把第 6 條放回原位

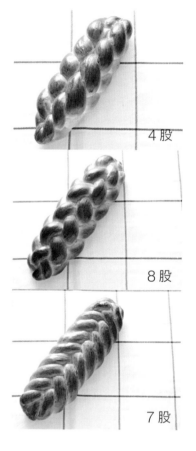

4 股

8 股

7 股

周老師的 Special Tips •

　　初次編辮子麵包前可把幾條繩子綁在一起，照口訣練習幾次。不過麵團當然比繩子難編，用力要適當，不要扯得長短不一、粗細不均；必要時得把其它麵團移動一下，例如編 1-3 時，把原來的 2 和 3 分開一點，1 才會有地方放。

　　這 5 條辮子麵包，用一般家庭烤箱應該分兩盤烤，建議您依 6、5、4、8、7 的順序編。6、5、4 編好放在第一盤，進行最後發酵；再編 8 和 7，放另一盤。因為麵包越大，最後發酵的時間需要越長，所以照這順序，每個麵包的發酵程度才能一致。

白貝果

貝果（Bagel）的外形像甜甜圈般呈環狀，卻是一種健康的歐式麵包，與法國麵包一樣，只含水、麵粉、酵母和鹽四種材料，加上因應現代麵粉缺乏酵素而添加的麥芽精。

貝果的做法有一點很特別，在烤焙前要放入沸水中燙一下，這樣表皮變成燙麵，烤後比較不會乾硬刮嘴，裡面則很扎實、有咬勁，和法國麵包的多孔洞、外脆內軟不同。不過燙貝果不宜太久，如果超過半分鐘，燙麵層太厚，烤好的貝果會塌扁。

不少人喜歡啃涼掉的貝果，不過拿熱貝果夾餡吃更受歡迎。最常夾的餡是奶油乳酪，有滋味卻不會和其它餡料衝突，幾乎能搭配任何甜鹹餡料。

全麥貝果

生菜牛肉貝果

燻鮭魚乳酪貝果

White bagel / Whole wheat bagel

白貝果 / 全麥貝果

白貝果　12 個	全麥貝果　12 個

● 材料

白貝果材料：
水················300 克
麥芽精··············1 克
低糖乾酵母··········5 克
高筋麵粉··········500 克
鹽················5 克

全麥貝果材料：
水················330 克
麥芽精··············1 克
低糖乾酵母··········5 克
高筋麵粉··········250 克
高筋全粒麵粉········250 克
鹽················5 克

● 裝飾

黑芝麻··············少許

● 白貝果做法

1 把全部材料一起攪打到擴展。麵團軟硬適中，但因為不含油脂，所以會有一點黏手。

2 滾圓，基本發酵 2 小時。

3 分割成 12 條，每條約 67 克，一一搓去氣泡。

4 兩頭相疊，搓成圓環。

5 排在撒了乾麵粉的烤盤布上，最後發酵 45 分鐘。不需增加溼度。

6 如果 12 個排在一個烤盤裡，發酵後很容易黏在一起，要小心排放。

7 把烤箱預熱至 210℃。煮沸半鍋水。

8 把發好的麵團下鍋燙煮 10 秒。

9 發好的麵團很軟，如果怕拿起的動作會捏壞它，可以連烤盤布拿起，倒放入鍋，再輕輕拿起烤盤布。

10 撈起瀝乾，排在鋪了烤盤布的烤盤上，撒芝麻。

11 放入烤箱中層烤 13~15 分鐘，直到表面褐黃漂亮即可。

12 等不太燙手就可以切開夾餡食用。

● 全麥貝果做法

1 做法與白貝果一樣，分割每個約 70 克。

2 撒不撒芝麻皆可。全粒粉比高筋粉吸水性強，所以配方裡的水量比較多。

Salad and pastrami bagel
生菜牛肉貝果

• 做法

1　先把奶油乳酪攪拌到柔軟好抹。如果是冰冷的，可以微波加溫一下。

2　生菜需要處理衛生，甩乾水份，切片。黑胡椒牛肉（豬肉亦可）切片。

3　貝果如果是冷的，橫切開，切面朝下放在燒熱的平底鍋上烙幾十秒。

4　塗抹奶油乳酪，加上其它餡料，趁熱享用。

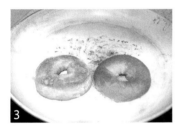

Smoked salmon cheese bagel
燻鮭魚乳酪洋蔥貝果

• 做法

做法與上項相同，最後撒些黑胡椒即可享用。各種餡料的份量皆可隨意。

Pita
口袋麵包

世界各地以麵包為主食的民族，幾乎都有扁形的傳統麵包，因為在還沒有烤箱的年代，或是居無定所的遊牧民族，要把厚厚大大的麵團烤熟並不容易，還是捏成薄薄扁扁的方便，只要往燒熱的石頭或鐵鐺上一貼就可以烤透。

Pita就是扁形的傳統麵包之一，流行在中東、希臘等地區。它的特色是一烤就會膨脹得非常可愛，中間是空的，切成兩半就像口袋，可以裝餡料吃，又Q又香，而且餡不會掉出來，比吃三明治或漢堡俐落。

幾乎所有麵團都含氣體，受熱都會膨脹，但一般麵團只會平均脹大，扁形麵團卻容易脹成中空狀，原因是因為麵團烤焙時外層受熱先凝固，膨脹的氣體無力把這凝固的硬組織撐開，就轉攻裡面較軟的組織，而扁形麵團的中間根本沒有多少軟組織，便被氣體撐開一個空洞，越撐越開，最後漲得像個汽球。

由以上可知，想要Pita膨得漂亮，就要把麵團趕得厚薄合度（一個麵團80幾克，要擀到直徑16、17公分），並用高溫烤焙，盡快讓外層凝固。

現在的烤箱和烤盤，為了避免把食物底部烤焦，底火和導熱性越做越弱，使pita越來越難成功。如果有石板應該沒問題，但如前所述，石板也有很多缺點，若只為了做pita，不必特地去買石板，只要把烤盤先盡量預熱，讓Pita一入爐就接觸到熱燙的烤盤，模仿古人把餅貼在燙石頭上的烤法，就可大幅提高成功的機率。

也有人用平底鍋烤pita，如果火力控制得當就能成功，不失為節省能源的好方法。

Pita如果烤得多，可用塑膠袋包好，一兩天內不用冷藏。冷藏可以放更多天，冷凍可存放數月。食用時解凍再蒸熱，就可恢復美味。

---

8 個

• 材料

水	240 克
快發乾酵母	4 克
高筋麵粉	300 克
低筋麵粉	100 克
細白砂糖	15 克
鹽	4 克
橄欖油	15 克

• 做法

1　把從水到鹽等6樣材料放入盆中，攪拌成團，再加油打成均勻但稍微有點軟黏的麵團。

2　蓋好，基本發酵30分鐘。

3　分成8等份，每份約84克。

4　一一滾圓，鬆弛15分鐘。

5　撒點乾麵粉，一一擀成直徑16、17公分的圓薄餅。

6　排在烤盤布上，最後發酵30分鐘。

7　烤箱預熱至250℃，把一個烤盤放在烤箱裡一起烤到非常熱。

8　預熱完成後，取出熱烤盤，拖著烤盤布把餅移到熱烤盤上。

9　立刻放入烤箱中下層，烤5分鐘即烤熟而且膨脹成中空狀。過程中先膨脹的pita所在位置就是烤箱溫度最高的地方。

10　出爐，放稍涼後切成兩半，包自己喜歡的餡料食用。

PIZZA

披薩

　　做披薩很簡單，但烤披薩一定要高溫快烤，餅皮才會外脆內軟，達到對摺也不斷裂的標準。一般家用烤箱的溫度都不夠高，只能盡量預熱久一點，至少要到250℃，如果有爐內石板或網狀烤盤更好。

基本麵團 Pizza dough
披薩

材料

水	160 克
快發乾酵母	3 克
中筋麵粉	300 克
細白砂糖	15 克
鹽	3 克
奶油或橄欖油	30 克

做法

1 把水到鹽等5種材料放入攪拌缸，攪拌成團，再加油打到均勻。

2 滾圓，蓋好，基本發酵1小時，直到明顯的膨脹。

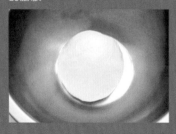

披薩醬

材料

洋蔥	半個
橄欖油	2 大匙
蕃茄泥	4 大匙
黑胡椒、俄力崗	少許

做法

1 把洋蔥剁碎，用橄欖油炒香。

2 加蕃茄泥和香料炒勻即是披薩醬。

周老師的 Special Tips

　　蕃茄泥（tomato paste）和俄力崗（oregano），以及披薩起司 Mozzarella，皆可在超市買到。

Hawaiian pizza

夏威夷披薩

12吋1個

- **材料**

披薩麵團······1份（約510克）

披薩醬······1份（80~100克）

披薩乳酪絲············200克

罐頭鳳梨片···········140克

火腿片···············80克

1
鳳梨和火腿切成小片。

2
做法與次頁的辣香腸披薩相同，只是加上
的餡料是鳳梨片和火腿片。

Pepperoni and cheese pizza

辣香腸披薩

Pepperoni & Cheese 是最受歡迎的批薩餡料之一。Pepperoni 是一種美式辣味沙拉米,有很明顯的發酵和煙燻香味,可在進口火腿香腸的專賣店買到,通常已切成薄片,鋪在披薩上很方便。

12吋1個

材料

披薩麵團····1份(約510克)

披薩醬····1份(80~100克)

披薩乳酪絲········ 200克

(可隨意增減)

辣香腸·············60克

(可隨意增減)

做法

1 烤箱預熱至 250℃以上。

2 把麵團撒點手粉,按扁。

3 邊旋轉邊往外撐開,成為 12 吋的大圓片。

4 鋪在披薩盤、一般烤盤或網狀烤盤上。

5 抹披薩醬,邊緣留 1 公分不抹。

6 撒上乳酪絲。

7 放入烤箱下層烤到邊緣及底部開始呈金黃色。約需 7、8 分鐘。

8 取出,排辣香腸薄片。

9 放回烤箱再烤 2、3 分鐘即可。

10 切成數片,趁熱享用。如果放涼了,用平底鍋把底部烘脆再吃,比用微波爐加熱更好。

Octopus crispy pizza
章魚燒薄脆披薩

　　章魚燒披薩是現代披薩店的創意,極具日式風格,所以醬料也用日式的,超市可買到幾種,請選用比較濃稠而非醬油般液狀的。

　　熟章魚片可買到現成的,如果買生章魚,份量要多一半,敲打後再煮軟(用壓力鍋比較快),然後放涼、細切。若能買到肉質軟嫩的小章魚更好。

　　薄脆披薩烤焙時常會高高膨起,烤前刺洞也不能避免,等烤好再戳壓一下,把流開的餡料撥回來即可。

12吋1個

• **材料**

披薩麵團··········· 0.6份
(約300克)

章魚燒醬或日式豬排醬
············ 約70克

熟章魚········· 100克

美乃滋··········· 適量

柴魚片··········· 適量

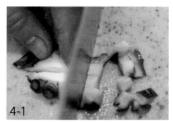

• **做法**

1　烤箱預熱至250℃以上。

2　把基發好的麵團擀成12吋的大圓片,鋪在烤盤上。

3　把醬抹在麵皮上。

4　把章魚切丁,撒在上面。

5　放入烤箱最下層烤到邊緣及底部呈金黃色。約需5分鐘。

6　出爐,把美乃滋以細絲狀擠在表面,撒柴魚片,趁熱食用。

Sugar pizza
甜披薩

2個小的

• **材料**

披薩麵團‥1/2份（約255克）

細白砂糖‥‥‥‥‥‥60克

麵粉‥‥‥‥‥‥‥‥6克

水‥‥‥‥‥‥‥‥‥6克

• **做法**

1 把半份麵團再分成兩塊，滾圓。

2 壓扁成自然的形狀。

3 把糖、麵粉、水調勻成餡，抹在餅中間。

4 烤焙法和一般披薩相同。雖然甜披薩趁熱食用非常可口，但融化的糖漿很燙，千萬要小心。

Stuffed pizza
厚餡披薩

　　厚餡批薩與一般批薩不同，反而比較類似乳酪餡餅（quiches），所以餡料是反著放的，先放乳酪絲，再放蔬菜肉類，最後抹披薩醬。

　　因為餡料厚，中間不一定會烤熟，最好不要用生海鮮和肉類。口味重的人在加了蔬菜後可以加抹一層醬，以免覺得蔬菜沒有味道。

　　吃厚餡批薩也不像吃一般披薩般用手拿，而是放在盤中，用刀叉食用。

9吋1個

• **材料**

披薩基本麵團‧‧‧‧‧‧‧‧0.6份
（約300克）

披薩乳酪絲‧‧‧‧‧‧‧‧‧200克
（可自由增減）

蔬菜‧‧‧‧‧‧‧‧‧‧‧共200克
（洋蔥絲、青椒絲、洋菇片等）

白煮蛋‧‧‧‧‧‧‧‧‧‧‧‧‧2個

熟海鮮或肉類‧‧‧‧‧‧‧150克
（蝦仁、火腿、香腸片等）

披薩醬‧‧‧‧‧‧‧‧‧‧‧‧120克

• **模子**

9吋披薩烤模1個

• **做法**

1　烤箱預熱至220℃。

2　把基發好的麵團擀成大圓片。

3　鋪在烤模底。邊緣站不住沒關係，等鋪餡時再處理。

4　先把乳酪絲鋪在底部，一邊把邊緣的皮拉高。

5　再鋪蔬菜、白煮蛋片。

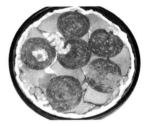

6　再鋪海鮮及肉類，每次都要順手把邊緣的皮拉好。

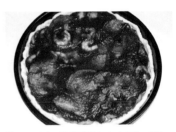

7　最後把披薩醬抹在上面，留一點備用。

8　放入烤箱最下層烤到邊緣的麵皮開始有點焦色，蓋張鋁箔，繼續烤滿18分鐘。

9　表面再淋點披薩醬，上桌。

CROISSANT
可頌

可頌是很有名的法國麵包，以發酵麵團裹油摺疊，烤後麵團膨脹，油層也分離，產生明顯的層次，拿起來很輕，咬下去香酥又鬆脆，但沒有明顯的甜鹹味，適合佐各種菜餚或飲料。

製做可頌並不困難，但要有耐性，因為每個步驟都需要30分鐘以上的鬆弛，如果不利用時間去做別的事，就會等得焦躁不安，因而覺得可頌非常麻煩。

此外，裹油當然必需用固體油，白油是最方便的，但現在為了健康因素都用奶油，奶油融點低，環境一熱就會融化，很難操作，所以夏天鬆弛時要放在冷藏室，其它季節就一半時間冷藏一半時間放在室內，只有寒流來襲時做這種裹油麵團最方便，不用冷藏。

裹油的份量，最高可達麵團的40%，不過本食譜只有27%左右。裹油越多，成品越蓬鬆，但做法是相同的。

做好的可頌麵團若暫時不用，包好冷藏可保持一日，冷凍可保持數週，但冷凍偶而會造成酵母失去活性，烤出來的可頌會比較小比較硬。

烤焙所有的裹油麵團都應烤透，至少烤到金褐色，如果只烤到金黃色，吃起來層次不分明，不夠鬆脆，有點溼軟而且口感油膩。

Croissant
可頌

12 個

● 材料

水 · · · · · · · · · · · · · · · 200 克
快發乾酵母 · · · · · · · · · · · 6 克
高筋麵粉 · · · · · · · · · · 360 克
低筋麵粉 · · · · · · · · · · · 40 克
細白砂糖 · · · · · · · · · · · 30 克
鹽 · · · · · · · · · · · · · · · · 5 克
蛋 · · · · · · · · · · · · · · · · 2 個

裹油 · · · · · · · · · · · · · 200 克
牛奶 · · · · · · · · · · · · · · 少許

• 做法

1 把從水到蛋等 7 項材料依序加入缸裡,打到擴展階段。麵團應該非常柔軟而有彈性。

2 蓋好,鬆弛 30 分鐘,能更久就更好。

3 撒些手粉,把麵團擀成方形。

4 把裹油切片,排在麵團中間。麵團擀的越大,裹油切的越薄,對接下來的工作而言是個較好的開始。

5 四角往內包起來,接口捏緊,鬆弛 30 分鐘。

6 擀成 3 倍長。要確定奶油有跟著麵團延展。

7 折 3 摺,再鬆弛 30 分鐘。

8 重覆擀開、3 摺、鬆弛,總共 4 次。當然每次要換方向,例如第一次是左右擀開,第二次就該上下擀開。

9 剪個底 16 公分,高 25 公分的等腰三角形紙片。

10 把麵團擀成大薄片,要能切割出 12 個和紙片一樣大的三角形(邊緣部份可以兩個拼做一個)。盡量利用麵團,不要切剩太多。

11 鬆弛,然後用輪刀把三角形切出來,每片接近 70 克。

12 底部切開 5 公分。

13 底部拉寬些,往上捲。

14 邊捲邊拉長一點。

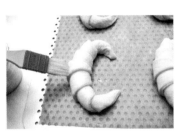

15 排在烤盤上,表面刷牛奶。

16 最後發酵 50~70 分鐘。裹油麵團的最後發酵時間很難確定,會受到總製做時間和冷藏室溫度的影響,所以只要發到用手輕按覺得非常鬆軟即可。裹油麵團的最後發酵溫度不要高於 30℃,如果像一般麵包以 38℃最後發酵,裹油會融化而漏出。

17 烤箱預熱到 200℃,放中下層烤 16~17 分鐘,烤成漂亮的褐色。

Chocolate croissant

巧克力可頌

16 個

材料

可頌麵團 ⋯⋯⋯⋯⋯⋯1 份

牛奶巧克力⋯⋯⋯ 約 300 克

做法

1　三角形小一點，底 13 公分，高 22 公分。

2　一份可頌麵團要切成 16 個三角形。

3　每個麵團包入 10 克牛奶巧克力，捲起來。

4　依法發酵烤焙。因為體積稍小，烤 15 分鐘即可。

5　再把一些牛奶巧克力加溫融化，裝袋，擠在冷卻了的麵包上做裝飾。

Sugar croissant sticks

糖皮可頌條

• 做法

1 把做任何可頌切剩的麵片切成長條。

2 捲一捲，噴點水，沾滿砂糖。

3 排盤，依法發酵及烤焙，只要烤 14 分鐘即是甜脆可口的糖皮可頌條。

DANISH PASTRY
丹麥麵包

　　丹麥麵包的做法和可頌幾乎完全一樣，但麵團配方不同，丹麥麵包的麵團糖油比較高，裹油比較少，所以香甜柔軟但層次不如可頌般分明。

　　丹麥麵包是甜點，常以布丁及水果為餡，造形也有很多變化，製做過程很有趣味。

基本麵團 Danish Pastry dough
丹麥麵包

材料

牛奶	155 克
快發乾酵母	4.5 克
高筋麵粉	250 克
低筋麵粉	50 克
細白砂糖	60 克
鹽	3 克
蛋	1 個
奶油	60 克
裹油	100 克

做法

1 把從牛奶到蛋等 7 種材料依序加入攪拌缸裡，攪拌成團。

2 加奶油，打到擴展。麵團很軟，初期幾乎像麵糊，到接近擴展時才能離缸成團。

3 接下來的做法和可頌一樣：裹油然後反覆擀開摺疊。

Danish Pastries
水果丹麥麵包

14~15 個

● 材料

摺疊好的丹麥麵團	1 份
布丁餡（做法見第 55 頁）	1 份
水果	適量

● 裝飾

牛奶或蛋水	適量
杏桃果膠	適量

● 做法

1 把最後一次鬆弛完成的丹麥麵團擀成大長方片，長寬超過 44×33 公分。

2 鬆弛至少 15 分鐘，否則切開後會收縮，如上圖。

3 切成 12 個 11 公分平方的正方片，每片約 50 克；邊緣切剩的不整齊部份也要留用。整形（方法見 130 頁），排在烤盤上。

4 表面刷點牛奶或蛋水，最後發酵 50~70 分鐘，用手輕按覺得非常虛軟即可。最後發酵溫度同樣不要超過 30℃。

5 烤箱預熱至 190℃，放中下層烤約 15 分鐘。

6 取出放涼。如果是新鮮水果就在此時放上。杏桃果膠隔水加溫並攪拌到柔軟，刷在麵包和水果的表面。

圓形

花籃

Windmill Danish Pastries
風車丹麥麵包

• 做法

1 把丹麥片從每個角往中心切一刀，切口長度是全長的1/3。
2 中心刷點牛奶或蛋水，把四個角往中間摺成風車狀。
3 把布丁餡裝袋，擠在中間。
4 再放一塊水果，稍壓進布丁餡裡。如果是新鮮水果，壓下後再取出，不可進烤箱。

Floral basket Danish Pastries
花籃丹麥麵包

• 做法

1 在丹麥片4角切L形刀口。
2 中間塗點牛奶，4個角往裡摺。
3 同樣擠布丁餡、放水果，再進行最後發酵和烤焙。

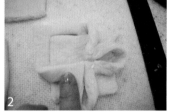

Dinghy Danish Pastries
小船丹麥麵包

• 做法

1 在丹麥片的兩個對角切L形刀口。
2 兩邊各折向對面。
3 同樣擠布丁餡、放水果，再進行最後發酵和烤焙。

Roll Danish Pastries
圓形丹麥麵包

• 做法

1 把切剩的細長條排列在一起，分成2、3份，每份約50克。
2 一邊扭一邊像紋香一樣盤起來。
3 中間同樣擠布丁餡、放水果，再進行最後酵和烤焙。

風車

小船

樹薯麵包
Tapioca sesame buns

12 個

• **材料**

樹薯粉	280 克
牛奶	220 克
奶油	80 克
全蛋	淨重 135 克
細白砂糖	44 克
鹽	2 克
高筋麵粉	44 克
炒香黑芝麻	36 克

一般麵包會膨脹是因為酵母發酵產生氣體，也有少數麵包加蓬鬆劑產生氣體，只有樹薯麵包很特別，不加酵母或蓬鬆劑，而是利用澱粉煮過後的膠黏性來包覆攪拌時拌入的氣體，與泡芙類似，不過它的外型和咬感的確很像麵包。

樹薯粉就是傳統太白粉，口感很有彈性，很多台灣點心都是用樹薯粉做的，用來做麵包外脆內Q，加上黑芝麻的香味，非常可口。

樹薯麵包必需烤到膨脹，中間產生空洞，不過一般製做樹薯麵包都是使用預拌粉，本書不使用預拌粉，所以很難做出像某些市售品如同泡芙般的大空洞，最多像下圖左，如果失敗甚至會是扎實的，如下圖右，口感就差了點。

要使本配方順利膨脹產生空洞，麵糊的濃度很重要，如果加熱不足或過度攪打，麵糊會變稀，烤好是扁的；如果加熱太久，麵糊會很乾；太稀或太乾的麵糊都無法順利膨脹。

此外，因為不用預拌粉，本配方做出的樹薯麵包到隔天會老化，請噴點水霧再烤熱，才能恢復美味。

• **做法**

1 先把樹薯粉放在攪拌缸裡。

2 把牛奶和奶油一起煮沸，立刻倒入攪拌缸，攪拌幾下，成為鬆散狀，但不要攪拌到結成一團。

3 放到溫而不燙後，把蛋分幾次加入，用槳狀腳以高速打成黏稠結實的麵糊。均勻即可，不要過度攪拌。

4 加入糖、鹽、麵粉、黑芝麻，低速攪拌均勻。

5 挖成 12 球，每個約 65 克，排在烤盤布上。用冰淇淋勺比較方便。

6 烤箱預熱至 180℃，把烤盤放入中上層，噴水霧。

7 烤 5 分鐘後再噴一次水霧。總共烤 30 分鐘，或烤到表面微黃即可出爐。大約烤 20 分鐘後才會開始有膨脹感。

周老師的 Special Tips
樹薯麵團很黏，用手攪拌非常費力，如果沒有攪拌缸，用手提電動打蛋器也可以。

Tapioca cheese balls

乳酪球

在樹薯麵包配方裡加入奶油乳酪和發粉，就成了可愛又營養美味的乳酪球。乳酪球也可以不加發粉並用鬆餅機烤成乳酪餅，同樣美味，小朋友也能一起動手做。

約57個

• **材料**

樹薯粉·············· 240克
牛奶··············· 220克
奶油··············· 80克
奶油乳酪············ 120克
蛋················· 2個
細白砂糖············ 44克
鹹起司粉············ 10克
高筋麵粉············ 120克
無鋁發粉············ 1小匙

1　依法把牛奶和奶油煮沸，倒入樹薯粉裡，拌打一下。

2　等不太燙，把半量乳酪加入打勻。

3　加一個蛋打勻。

4　再加另一半乳酪和蛋打勻。

5　加糖和起司粉，麵粉和發粉一起篩入，打勻。

6　這種黏性麵團會黏缸，要用刮刀刮乾淨再打一下。

7　撒點乾粉防黏，分割成一個15克，一一揉圓。

8　排在鋪了烤盤布的烤盤上。

9　烤箱預熱至200℃，放中上層烤10分鐘即可。

10 也可用鬆餅機烤，一次約可烤8個。烤3~5分鐘，見表面棕褐香脆即可。

Tapioca doughnuts
QQ 甜甜圈

16個

• 材料

樹薯麵包麵糊 1 份，蛋量增加
到 160 克，不加黑芝麻。

炸油‧‧‧‧‧‧‧‧‧‧‧‧‧ 小半鍋

糖粉‧‧‧‧‧‧‧‧‧‧‧‧‧ 100 克

柳橙汁‧‧‧‧‧‧‧‧‧‧‧‧ 25 克

• 做法

1　烤盤紙裁成 10 平方公分左右的
紙片。

2　把麵糊放在擠花袋裡。

3　把一張小烤盤紙放在秤上，麵
糊擠成 8 球連環狀，共重約 48 克。

4　燒小半鍋溫油，把麵糊連紙下
鍋，用小火炸。

5　烤盤紙很快就會脫落，夾出來。

6　炸 3 分鐘左右，直到兩面都呈
金黃色。撈起瀝油。

7　糖粉如果有結塊就先過篩，然
後加柳橙汁拌勻，淋在甜甜圈上，
趁熱享用。

周老師的 Special Tips •

　　剛炸起的QQ甜甜圈非蓬
鬆可口，但澱粉是老化的主因，
所以澱粉麵包老化得異常快速，
QQ甜甜圈亦然，放涼後一定得
再烤熱才會好吃，除非用了修飾
澱粉。

天然酵母

所有的酵母都是天然生物。我們做麵包時使用的酵母，是製造者在眾多酵母中挑選最適合做麵包的品種，大量培養，壓榨成塊狀，就是新鮮酵母；不壓榨而用冷凍乾燥法製成沙粒般的顆粒，就是乾燥酵母。

如果不經挑選，直接用天然食材發酵，培養出來的酵母會有很多品種共生，還包括乳酸菌、醋酸菌等等。把它們冷凍乾燥，就是市售的「天然酵母」。

製做乾燥酵母必需添加一些保護劑以維持其活性，市售的乾燥酵母和乾燥天然酵母，都有這些保護劑，所以它們唯一的差別只是前者先選種才培養，後者沒有。

選種的好處是可以配合使用者的需要。做麵包的酵母，當然要發酵力強、異味少、能耐受各種麵團的成份，這通常就是選種的條件。

不選種有很多問題，有時會讓使用者冒險，例如發酵緩慢、每一批酵母的發酵力不同、有異味如酒精味、酸味等等，但是因為所含微生物種類多，效果也多元，所以有人願意冒險使用它，以求得到更有風味的產品。

這就好像釀酒一樣，家庭自釀一點葡萄酒，只要利用葡萄上的天然酵母菌就可以了，酒廠釀葡萄酒卻要添加選過種的酵母菌，以確保成功而且品質劃一，而兩種方法釀出來的酒都有人喜歡。

我們自己也可以培養「天然酵母」，不用加保護劑，比市售品更自然。

很多種水果和穀類成熟時會吸引酵母菌附著其上，這些都可以拿來做麵包，但是發酵速度非常慢，所以要加以培養才能使用。

培養天然酵母，可從葡萄酵母開始，就像學習釀酒常從葡萄酒開始一樣，簡單、成功率高，風味又好。此外全麥酵母、裸麥酵母也很適合初學者。

要記住培養葡萄酵母的目的是得到風味多元的麵包，不是有水果香味的麵包，就像葡萄酒並沒有明顯的葡萄香味，而代以各種微妙的氣味，可惜這些氣味在烘焙後很容易散失，對於習慣吃添加香料的市售麵包的人而言，可能根本不會有任何感覺。

自己培養葡萄酵母

• **做法**

1 紅葡萄不洗，如有水份要晾乾。葡萄一定要成熟，過熟都無妨。

2 一一摘下，搗碎，放入清潔乾燥的玻璃瓶裡，約8分滿，蓋好。發酵的味道非常吸引蚊蟲，最好連罐裝入大塑膠袋裡並綁緊。

3 葡萄皮肉之間產生二氧化碳氣泡，就是發酵的證明，氣泡越多，就是發酵越旺盛。如果瓶蓋很緊，最好大約每隔半天把蓋子放鬆一下，放出二氧化碳，以免瓶子漲裂，但不要攪拌或用力搖晃瓶身。

4 發酵最旺盛時，皮和籽上浮到瓶身的2/3處，下面全是粉紫色的汁，這樣天然葡萄酵母就培養成功了。試飲一點，像葡萄酒摻了葡萄汁，微酸微甜而香，非常美味。

2

4

5 全程需要多少時間，取決於氣溫，氣溫越高，發酵的速度越快。本次示範在夏天，氣溫一直在30℃以上，所以2天半即完成；天氣冷時，可能需要一週；嚴寒的天氣不適合培養天然酵母，除非有保溫裝置，但保溫不宜超過38℃。

6 培養成功後，應該立刻濾出汁液，加麵粉做成麵種。如果暫時不使用，必需裝瓶冷藏，可以保存將近一週。冷凍可以保存更久，但有時會失去活性。

7 如果培養成功後還不濾出汁液來使用，任其繼續發酵，兩倍時間後，酵母菌會把糖份用完而無法繼續繁殖，所產生的酒精也會開始殺死酵母菌，最後整罐變成葡萄酒，無法再用來做麵包。

天然葡萄酵母桂圓麵包

Grape yeast/Grape yeast longan bread

天然葡萄酵母桂圓麵包

1 個

● 材料

葡萄酵母液‧‧‧‧‧‧‧‧ 180 克

高筋麵粉‧‧‧‧‧‧‧‧‧‧ 200 克

高筋全粒麵粉‧‧‧‧‧‧ 100 克

蜂蜜‧‧‧‧‧‧‧‧‧‧‧‧‧ 30 克

鹽‧‧‧‧‧‧‧‧‧‧‧‧‧‧ 4.5 克

橄欖油‧‧‧‧‧‧‧‧‧‧‧‧ 30 克

桂圓肉‧‧‧‧‧‧‧‧‧‧‧‧ 50 克

核桃‧‧‧‧‧‧‧‧‧‧‧‧‧ 25 克

● 做法

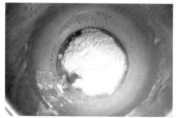

1 把從葡萄酵母液到鹽等 5 項材料拌勻。

2 加橄欖油打成均勻的麵團。

3 取出 1/4，其它 3/4 加桂圓、核桃攪拌均勻。

4 基本發酵 12 小時。若發酵溫度不同於 28℃就酌情增減。天然酵母的發酵速度非常慢，也不太看得出麵團漲大，用手輕按麵團感覺到鬆軟就算發酵成功。

5 把有加桂圓核桃的麵團滾圓、搓成長橄欖形。

6 把沒加的麵團擀成薄片，包在外面。這樣桂圓不曝露在外，才不會烤到焦苦。

7 最後發酵 3 小時。

8 烤箱預熱至 205℃。

9 在麵團表面篩些乾麵粉，用利刀切割花紋。

10 尾端不易切割處可以用剪刀剪。

11 放入烤箱中層烤約 25 分鐘即可。

老麵

老麵是指過度發酵的麵團。麵團過度發酵後會變溼、口感較無彈性甚至黏膩，還有很濃的酒精味及乳酸味、醋酸味，而且發酵到最後酵母菌也會被酒精、醋酸等殺死，這份老麵便告「死亡」，不會再繼續發酵。

但如果持續「餵養」，也就是持續加水和麵粉，這份老麵裡的酵母菌就能繼續生長繁殖，長期下來，酒精和酸類起化學作用而產生芳香酯，老麵便有了特殊的香味，和老酒一樣。

揉新麵團時如果適量加入老麵，烤出的麵包會很有風味，也因偏酸性而老化得比較慢。但是重點在「適量」，如果老麵非常「老」，份量就要減少，否則烤出的麵包口感不佳。

多少算是適量，沒有原則可依循，要靠經驗，所以老麵麵包並不適合初學者製做，常常自製麵包者，就可以多多運用老麵，最簡單的方法是某天做麵包時多放幾成材料去和麵團，和好後，多放多少就取出多少，放在保鮮盒裡（盒子要比麵團大得多），蓋好，任其發酵一天。

第二天再做麵包時還是先秤一份新材料，只要省略酵母，再把保鮮盒裡的麵團秤重，加入新材料裡拌勻（這樣就算餵養）。拌勻了，取出相同重量的麵團裝回原來的保鮮盒裡，再任其發酵一天。

如此可以一直繼續下去，這保鮮盒裡的麵團就會越來越老，使自己每天烤出的麵包更有風味。

這方法很簡單，不過很籠統，問題很多，例如「多放幾成」是多少？「任其發酵一天」是在幾度下？如果沒有每天做麵包怎麼辦？養出來的老麵可以加到不同的麵包裡嗎？

答案都是「隨意」，請隨自己的喜好決定。

關於老麵的保存：

如果很多天才做一次麵包，就要在老麵發到合適的狀態後冷藏起來，以免發到死亡，或者越養越多用不完。

若預期很久不會做麵包，就把老麵冷凍起來。再次使用時，提早取出，解凍後再餵養，觀察麵團是否又發酵了，如果有就放心使用，如果沒有還是可以用，只是得再添加酵母。

周老師的 Special Tips

老麵會越養越溼，所以秤新麵團材料時可以考慮減少水份。

老麵不需攪打，就以新麵團材料加入老麵拌勻後，應該先取出老麵的份量，再開始攪打。

天然酵母與老麵

將天然酵母與老麵的介紹做比較，就知道它們不是完全相等的，無論使用天然酵母或市售酵母的麵團，都可以餵養成老麵。

培養葡萄酵母，可以做老麵麵包，但也不一定要做老麵麵包，例如前頁介紹的天然葡萄酵母桂圓麵包並不是老麵麵包，除非留著一團麵團不烤，每天餵養，就會變成老麵。

但若是以全麥粉或裸麥粉培養天然酵母，就等於同時在餵養老麵。

全麥粉或裸麥粉含有酵母菌和酵素，加水混合後，酵素把一些澱粉分解成糖，酵母菌便利用這些糖生長繁殖，最後的成果就是充滿天然酵母的老麵。

Sourdough casserole bread

老麵餅

如前頁所述，老麵發酵法非常具有彈性，即使不想再保存的老麵，也可以快速做成美味耐嚼的老麵餅，不需將之丟棄。

製做老麵餅前先弄清楚這份老麵原本是什麼麵團，再將之調節成「偏中筋、微甜、不鹹、少許奶香味」的硬麵團。

例如本食譜使用的是法國麵包老麵，麵粉筋度和鹹度偏高，不含糖份和奶類。所以添加老麵重量一半的低筋麵粉，和適量的糖與奶粉，攪拌成結實的麵團，如果無法成團，再加少量水份。

如果使用牛奶土司老麵，麵粉筋度高，含有適當鹽、糖和奶類。這時可以添加老麵重量50~60%的低筋麵粉，再加少許糖即可。

老麵餅可以不含或含少許油脂，喜歡吃甜可以多加糖，也可以和入葡萄乾等果乾或核果。

此外最重要的是請考慮是否需要加酵母。通常保存的好的老麵裡仍然含有活酵母，所以不必再添加，反正老麵餅也不應該是發酵旺盛的鬆軟麵包。但如果懷疑或已證實這份老麵裡不含活酵母，就應該加些快發乾酵母，以免成品變成死麵餅。加入酵母的份量是加入麵粉的1%。

1 個

• 材料

法國麵包老麵········100%

糖······················12%

低筋麵粉··············50%

奶粉···················6%

水··············6%（視情況）

• 做法

1 老麵如果很冰冷，先回溫一陣子再倒入攪拌缸。

2 依序加糖、麵粉、奶粉慢速攪拌。

3 大致混和均勻，再把水分兩三次加入，每加一次都要捏捏看是否能成團，不能成團就再加水，直到打成結實的麵團。

4 滾圓，放置到和室溫差不多的溫度（25℃左右）。

5 擀扁、入模。烤模要塗油，任何烤模皆可，圖中示範的麵團有748克，用8吋蛋糕圓模烤焙。

6 用利刀在表面切方格狀。

7 烤箱預熱到180℃，放在中層烤40分鐘，至表面金黃。

8 倒扣出來看側面和底部是否也金黃，如果著色還不足，就再烤5分鐘。

9 順著表面刀紋切成小方塊食用。

Whole wheat yeast
自己培養全麥酵母（全麥種）

• **材料**

高筋全粒麵粉‧‧‧‧‧‧‧ 300克

水‧‧‧‧‧‧‧‧‧‧‧‧‧ 300克

鹽‧‧‧‧‧‧‧‧‧‧‧‧‧ 3克

• **做法**

1 取1/10的材料放在盆裡，用筷子攪拌均勻。像這樣每次加入的材料很少，鹽的份量很難秤量，最好一次秤出全量，裝在小盒子裡，每次取用一小撮。

2 用保鮮膜包好，以免味道引來蚊蟲。

3 天氣熱時，12小時後就有起泡現象，就是開始發酵了。天冷時放在室內溫暖處，可能需要24小時才會開始發酵。

4 再加1/10材料攪拌一下，再放12~24小時，使之再度發酵。

5 直到材料用完，總共費時5~10天，全麥種即完成，表面和底部都會有很多氣泡，也有濃重的發酵香味和酸味。

5

6 成品只剩大約570克左右。若暫時不用，包好冷藏，可以存放約一週。若用了一部份，剩下的可以冷藏，想要更多就繼續培養，同樣每次加30克麵粉、30克水、0.3克鹽。

7 如果太久不餵養，或用沾了生水的筷子攪拌，麵糊會壞掉，表面像長了一層白膜，而且有臭味。

周老師的 Special Tips •

要注意，培養全麥酵母或裸麥酵母必需加鹽。葡萄酸性強，害菌不容易繁殖；全麥麵粉酸性弱，如果不加鹽，會有害菌繁殖產生臭味，雖然看起來發酵得很快很成功，但品質不佳。

成功的全麥酵母雖然沒有臭味而有發酵香味，但越養越酸，這是因為每次攪拌都會攪入氧氣，有利於醋酸菌繁殖（所以釀葡萄酒不能攪拌，以免釀成醋）。

全麥酸麵團

• 全麥酵母‧‧‧‧‧‧‧‧‧‧‧ 1份

（約570克）

高筋麵粉‧‧‧‧‧‧‧‧‧‧‧ 40%

（約228克）

攪拌成團，在28℃下發酵16小時即可，成品將近800克。

Whole wheat yeast milk loaf
全麥酵母牛奶土司

900克1條

• **材料**

全麥酸麵團半份‧‧‧‧‧ 約400克

牛奶土司材料（見第10頁）1份

• **做法**

1 取把兩者拌勻，取出與加入酸麵團份量等重的新麵團（約400克），再開始攪打到擴展。

2 其它做法與牛奶土司完全相同，但發酵時間要看有沒有照牛奶土司配方加酵母；如果有，發酵速度會是正常的，如果沒有，只靠酸麵團的發酵作用，將會耗時很久。

3 加了酸麵團的土司老化比較慢，冷藏兩週後烤脆食用，仍然Q軟溼潤。

3

麵包的材料

酵母

麵包要靠酵母菌發酵產生氣泡才能鬆軟可口,所以絕大多數都要添加酵母,常用的酵母有以下三種

1. **新鮮酵母**(fresh yeast)
2. **乾酵母,或稱一般乾酵母**(dry yeast)
3. **快發乾酵母,或稱即發酵母**(instant yeast)

本書使用的是快發乾酵母,使用量約為麵粉重量的1%,如果使用新鮮酵母,約需3%,如果使用一般乾酵母,約需1.5%。

快發乾酵母的優點是發酵快、異味少、容易保存,開封後裝在密封罐裡冷藏即可使用很久。

新鮮酵母優點很多,但是保存期限較短,一旦發霉就不能再使用。

一般乾酵母顆粒較大,使用前應該先撒入半碗溫水裡(水的重量要從配方裡減去),使之溶化、活化,等到產生泡沫再使用。檢測酵母是否還有活性,也是用同樣的方法。

現在另有所謂「天然乾酵母」,與快發乾酵母及一般乾酵母的主要差別在未經選種,所以含有許多種酵母菌、乳酸菌、醋酸菌等,發酵較慢,但做出的麵包風味較多元。

如果製做不含糖的麵包,最好改用低糖麵團專用酵母,以免發酵困難。

低糖酵母

高糖酵母

麵粉

麵粉的主要成份是澱粉和蛋白質,小麥蛋白質又稱麩質或麵筋(嚴格說來麵筋只指麥穀蛋白和醇溶蛋白),不同品種的小麥所磨出的麵粉,其麵筋含量也不同,依據國家標準CNS

特高筋麵粉含粗蛋白質	13.5%以上
高筋麵粉含粗蛋白質	11.5%以上
粉心麵粉含粗蛋白質	10.5以上
中筋麵粉含粗蛋白質	8.5以上
低筋麵粉含粗蛋白質	8.5以下

麵筋經過加水攪打後,可以形成網狀結構,使麵團富有彈性,所以做麵包大多使用高筋麵粉,但有些麵包不需要太強的彈性,就得摻些低筋麵粉。

本書所用的高筋麵粉含粗蛋白12.3%,低筋麵粉含粗蛋白8.4%,中筋麵粉就是高筋、低筋各半混合而成。

麵筋的吸水性比澱粉好,若使用筋度高於12.3%的麵粉做本書的配方,麵團會變得乾一點,應該多加點水。

更重要的是麵粉的新鮮度,不新鮮的麵粉不但氣味不良,營養劣化,而且麵筋失去凝結力,揉出的麵團糊糊爛爛,根本無法做出正常的麵包。(雖然用太新鮮的麵粉做麵包也有缺點,就和用太新鮮的雞蛋做蛋糕一樣,但這在非小麥產地是不太可能發生的問題)

除了選購時要注意新鮮與否,麵粉必需密封保存在涼爽乾燥的環境下;台灣氣候溼熱,除了冬天以外最好冷藏,不然就要盡快用掉。

本書配方大部份使用白麵粉，就是只由小麥胚乳磨出的麵粉，但是用整粒小麥磨成的「全粒粉」富含營養素和膳食纖維，對飲食太過精緻的人而言比白麵粉更有益。

本書每個配方都可以用高筋全粒粉取代等量的高筋麵粉，但不要超過一半，以免影響麵包品質，例如600克高筋麵粉可用300克高筋全粒粉加300克高筋麵粉代替，再適量增加水份，因為全粒粉筋度更高。

此外還要注意，全粒粉的保存期限比白麵粉更短，更需要冷藏保存。

（以前所謂的「全麥麵粉」其實只是白麵粉加上麩皮，營養不如全粒粉，麩皮又很粗糙，做出麵包口感不佳）。

水、牛奶、優酪乳（酸奶）、豆漿、果汁

做麵包的水以礦泉水最好，雖然只要是乾淨的水都可以。為了改變或提升麵包的風味，水份可以用牛奶（全脂脫脂皆可）、優酪乳、豆漿、果汁等代替，份量必需比水多，多多少就看其中含有多少固形物，例如牛奶含有約12%的固形物，所以若用牛奶代替水，重量應該是水的112%。

除了賦予風味外，這些材料還含有各種營養素，對酵母的活性也有幫助。不過這些材料可能含糖或油，若是希望得到與原配方類似的麵團，可以適量減少原配方的糖、油量。

註：若需比較各種材料的營養成份和含水量，或者需要用奶粉沖泡成牛奶或奶水，請看包裝標示，或至衛生署網站查看「食物基本成份表」。

鹽

鹽可以強化麵筋網狀結構、抑制雜菌發酵、避免發酵過快、強調麵包的風味，雖然用量不多，卻是不可缺少的材料。

糖

糖在麵包裡的作用有二，第一是做為酵母菌的食物，第二是做為麵包組織的一部份。

酵母菌需要的糖不多，大約加麵粉的5%左右就可以發酵的很好，多加的糖會留在麵團和烤好的麵包裡，讓麵包表皮微帶焦糖香氣、吃起來微甜、放涼了吃還是不會太乾燥，這些都是糖的功用。

如果希望麵包沒有甜味，5%以外的糖可以不加，如果希望麵包更甜，糖也可以酌增；這樣會使麵團變乾或變溼，可能需要調整水量。

但是太多的糖也會影響酵母菌的發酵和麵包的組織。

本書配方大部份使用白糖，但是用黃砂糖、黑糖、糖粉、蜂蜜、果糖、麥芽糖、楓糖等等代替都可以，這些糖最後都會分解成酵母菌能利用的糖：葡萄糖和果糖。用蜂蜜、糖漿等代替砂糖當然會使麵團變溼，一定要酌減水量。

使用白糖以外的糖，可能會使麵包在營養和風味上有少許的不同——只是少許的不同，不會有明顯的差異，因為糖量本來就不能太多，又經過酵母、酵素、烤焙的作用，最後都變成類似的物質；那些有著明顯的黑糖、蜂蜜、楓糖、焦糖風味的麵包，都是加了香料，越常吃這些加了香料的麵包，就越無法感受到天然食材的風味。

油脂、鮮奶油

油脂會阻止麵粉吸水、妨礙麵筋的形成，所以攪打麵團時一定最後才加入油脂。

適量的油脂可以減少麵包的韌性，使麵包鬆軟好咬，也有助於保存麵包的水份、延緩老化；過多的油脂反而會讓麵團發酵困難，麵包的孔洞變大、口感乾而粗糙。

家庭製做麵包最常用奶油（butter），味道好又有天然的乳化力，能更平均地分佈在組織裡而顯得細

緻。本書所使用的奶油是一般無鹽奶油，含水量約16%左右。

市售麵包多半使用人造的白油、酥油（shortening）、乳瑪琳（margarine）等，便宜、安定耐放、有添加乳化劑、可選擇各種濃淡香味，能做出各種消費者最喜愛的效果。

但是奶油的膽固醇含量很高，人造白油等更含反式脂肪酸和添加物，為健康考量可改用液體植物油，或許會使麵團稍軟，組織粗糙一點，老化也快一點，但只要趁新鮮吃，其實沒有什麼差別。

本書只有可頌、丹麥麵包的裹油不能用液體植物油（每一種都可以）代替。讀者若製做含油量很高的麵包，例如真正的布里歐，也不宜使用液體植物油，將會很難與麵團融合（本書並無這種麵包）。

鮮奶油（whipping cream,heavy cream）等於是油脂含量特別高的牛奶，烘焙上的用途主要是把它加糖打發，塗在蛋糕表面做霜飾。麵包配方裡若有鮮奶油，可以用2/3的牛奶加1/3的奶油代替（奶油部份還是要等麵團成形才加入）。其它點心配方裡的鮮奶油不見得能如此取代。

註：本書使用的鮮奶油都是無糖的。

蛋

蛋不但營養，而且蛋黃是天然乳化劑，所以含油量多的麵團一定要加蛋黃，例如真正的布里歐麵團，最好把蛋白先加入麵團裡攪打，加奶油時再把蛋黃一同分數次加入攪拌，奶油才能順利融合進麵團裡。

蛋白含水量高達90%，幾乎可以當成牛奶直接用來和麵團，但是蛋白富有黏彈性，加大量蛋白做的麵包，即使柔軟仍然非常有嚼勁。

把蛋打散刷在麵包表面，烤好後光澤亮麗，但是必需徹底打散卻不打起泡，效果才好，沒有打散的蛋白筋會在麵包表面凝結成白斑，打起泡的蛋會在麵包表面形成泡沫狀，為了避免這些狀況，本書使用「蛋水」，用一個蛋黃加半大匙的水調成，不用蛋白。

本書使用的蛋每個淨重約50克，蛋白33克，蛋黃17克。如果不吃蛋，用30克左右的水份代替即可。

酵素

酵母只能利用葡萄糖和果糖做為食物，不能直接利用麵粉或蔗糖，所以麵團在發酵時需要依賴數種特定的酵素（澱粉酵素、轉化糖酵素等）把澱粉和雙糖分解成葡萄糖和果糖。

這些酵素原本就廣泛存在於麵粉、酵母裡，所以只要把麵粉、酵母加水揉成團，理論上應該就能發酵的很好，以前也似乎是如此。

但是現在做麵包如果不加糖就很難發酵，似乎是缺少了某些酵素，推測其原因，可能是因為現代倉儲設備或磨粉技術太過進步，使麵粉失去「發芽」、「發霉」、「含穀皮」等補充酵素的機會。

最簡單的解決之道就是加糖，如不願加糖，可以使用部份全粒粉取代白麵粉，使用酵素活性高的麵粉，或者使用低糖麵團專用的酵母，或者如果買得到，就直接加入酵素。

家庭製做麵包最常使用的酵素是由發芽小麥製成的麥芽糖漿，深褐色、質地黏稠、香味濃郁，部份烘焙材料行有售，必需冷藏保存才能維持其活性。

酵素在運作過程中並不被消耗，所以量不用太多，照食譜添加即可，多加無益。

工具

　　做麵包需要兩項較大的設備：攪拌缸和烤箱，其它工具就非常簡單，都是烘焙者最基本的配備：

秤量用：電子秤、量杯、量匙
麵點用：鋼盆、切板、擀麵杖、篩子
裝飾用：毛刷、印模、擠花嘴、擠花袋、
　　　　　法國刀
其它：溫度計、噴水壺

　　電子秤的載量應與自己常做的麵包份量配合，若每次都做很多，就需要能秤3~5公斤的電子秤。有些電子秤載量這麼大，還能精確到0.5公克，非常便利，價格當然比較高。

　　若是沒有電子秤，或秤不夠精準無法秤小量，可用量杯量匙代替，在筆者的部落格上可以找到各種食材的重量／體積換算表。

　　溫度計用來測發酵溫度而非烤焙溫度，所以只要能測量到50℃即可，短的比較不易打破，可在水族館購得。

　　如果有壓麵機（家用製麵機），做水份較少、結實細緻的麵包很方便，例如金牛角、木柴麵包等等，但是沒有壓麵機也能用擀麵杖代替，雖然比較費力，成品一樣美味。

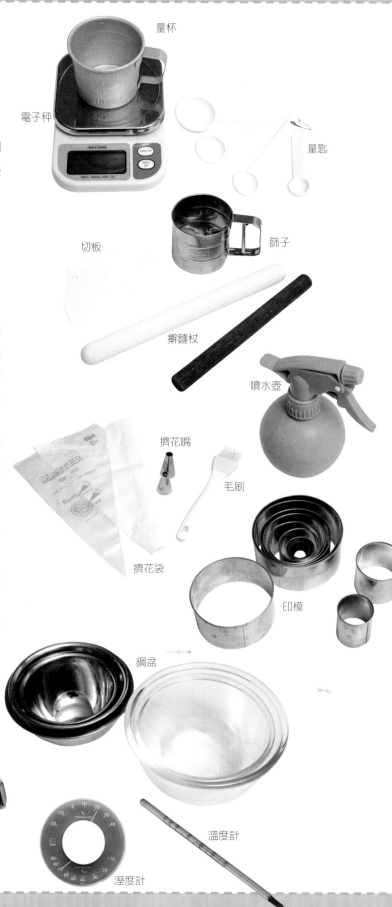

量杯

電子秤

量匙

切板

篩子

擀麵杖

噴水壺

擠花嘴

毛刷

擠花袋

印模

鋼盆

壓麵機

溼度計

溫度計

攪拌機與攪拌

攪拌機

做麵包可以用手揉，也可以用攪拌機，做出來的麵包沒有什麼差別，只是用攪拌機更省力、更方便。

選購攪拌機宜優先考慮容量，使「常做的麵包份量」、「攪拌機容量」、「烤箱容量」三者配合，麵團可以一次打好、一次烤好。（但烤焙時間短的麵包可以分2、3次烤。）

舉例：

常做的麵包	攪拌機容量	烤箱容量
900克土司2條	一次能打2公斤麵團（8公升以上攪拌機）	能放入2個900克土司模（約60公升烤箱）
450克土司2條	一次能打1公斤麵團（約5公升攪拌機）	能放入2個450克土司模（30公升以上烤箱）
甜麵包16個	一次能打1公斤麵團（約5公升攪拌機）	一盤可放8個甜麵包（約60公升烤箱）
甜麵包12個	一次能打0.8公斤麵團（約4公升攪拌機）	一盤可放6個甜麵包（約40公升烤箱）

攪拌機通常附有3隻攪拌腳，做麵包幾乎都用勾狀腳。

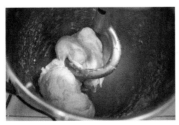

槳狀　　勾狀

材料加入的順序

材料秤量要正確，很多人失敗的原因無它，只是最基本的秤錯材料而已。雖然把600克的麵粉秤成595克不會有什麼影響，但很多人因為忘了扣掉容器重量而秤出480克麵粉，或因為麵粉減半秤出300克但其它材料忘了減半，這樣就非失敗不可。

把材料加入攪拌缸的順序也有其重要性，本食譜大多依照「水份、酵母、麵粉、糖、鹽、蛋」的順序加入，最後才加「油脂」，原因為：

1. 先加水和酵母，是讓酵母盡快浸水，盡快開始活化繁殖。
2. 先加麵粉再加糖鹽，是用麵粉保護酵母，避免酵母長時間浸在糖鹽濃度高的溶液中。
3. 最後才加油脂，是要讓麵粉先吸收水份而不先吸收油脂。麵粉一旦吸收了油脂，就很難吸收水份攪打出筋。

其實如果秤量材料的動作很快，除了油脂一定要最後加入以外，其它材料加入的順序可以隨意，但若總是依照以上順序，養成習慣，出錯的機會可以大幅減少。

加入油脂的時機，從其它材料都和成一團開始，到其它材料已經打到擴展有薄膜為止，都可以。

但若是用手揉，油脂不要太晚加入，在其它材料都和成一團後就可加入。若是用液體植物油代替奶油，即使用攪拌機，也不能太晚加入，因為液體植物油沒有乳化性、沒有添加乳化劑，太晚加入很難與麵團融合。

攪拌

做麵包攪拌麵團，不只是混勻材料而已，還有促進麵粉吸水，使小麥蛋白質結合成網狀的功能，此蛋白質網結合得越好，麵包就越能容納氣體而膨大，口感也越有彈性。

攪拌一開始要用慢速，以免材料噴出；等除了油脂之外的全部材料都打成一團，再慢慢提高速度，提高到多快請依照攪拌機的說明。油脂可在此時或稍晚加入。

這時麵團顯得粗糙不均勻，很容易將之一塊一塊剝開。接下來，以一般水份較高的麵包為例，攪拌過程會進入幾個階段：

2.均勻階段—

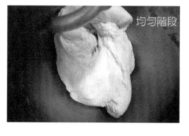
均勻階段

麵團越打越均勻、越有彈性，想將之扯斷的話會拉長才斷裂，攪拌缸也變得乾淨；但含水量特別多的麵團還是會一直黏在缸壁上。

3.擴展階段—

擴展階段開始

擴展階段

麵團變得很光滑，用手拉起一些麵團慢慢撐開，可以撐出半透明的薄膜，繼續撐開會出現破洞，洞緣不夠圓滑，有點鋸齒狀。這時含水量多的麵團不再一

直黏住缸壁，而會隨著勾狀腳的轉動有時黏在缸壁有時撕開，所以有人說聽到「嘶、嘶」聲或「啪、啪」聲就表示麵團快打好了。

4.完成階段—

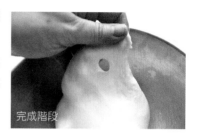
完成階段

麵團更加光滑，同樣可以撐出半透明的薄膜，薄膜撐破後洞緣很平滑，無鋸齒。

5.麵筋打斷—

麵團變得癱軟，用手一抓就斷，黏手，甚至會從指縫間流下。這樣的麵團發酵時很難充氣膨脹，表面凹凸多孔洞，烤好的麵包體積小、粗糙無彈性，比攪打不足的麵團更難吃，所以千萬不要把麵團打過頭。

隨著配方和份量不同，每個階段所需要的攪打時間都不太一樣。

做麵包，理論上應該打到完成階段，體積最大彈性也最好；不過之後的發酵、翻麵、分割、滾圓、整形，甚至揉入果粒乾果等動作，多少都會再度搓動麵團，為了避免麵筋斷裂，可以只打到擴展。

其實從擴展到完成是漸進式的，並沒有明確的分界點，何時停止，可依各人的習慣決定。通常，含油糖量多、要揉入果粒乾果、整形費事的麵團，應比其它麵團更早停止攪打（不是指攪打所需的時間比較短）。

長時間或快速的攪拌，往往會令麵團升溫，如果覺得麵團太熱了，中途可以休息十幾分鐘，甚至放在冷藏室裡休息。在休息的時間裡麵粉依然會吸水，所以真正攪打的時間能縮短一些。

乾硬麵團的攪拌

有少數幾種含水量少、筋度不高的麵團，因為不夠柔軟，始終無法掛在勾狀腳上，只能整團在攪拌機裡撞來撞去。這種麵團不適用於上面的攪打階段，可以把它當成饅頭包子麵團，打到所謂的三光即可，就是「麵團光」、「手光」、「盆光」，不必打到擴展。

其實這種麵團用攪拌機打不如用壓麵機（家用製麵機）更適合。用攪拌機打，效率差，份量也不能太多，否則會使機器晃動；用壓麵機壓則能做出質地細緻、密實的麵包，與一般蓬鬆的麵包不同，別有風味。

用手揉麵團

方法是把除了油脂以外的材料依序放入鋼盆裡，用筷子攪拌成粗糙的麵團，然後加油脂再攪拌一下，再倒到桌上用手揉。

乾硬的麵包麵團用手揉到三光不困難；但一般麵包麵團溼軟多了，畢竟麵包要經過烤焙，會失水，麵團如果不溼軟，烤好就會更乾硬。

這麼溼軟的麵團，用手揉時一直黏在桌上、黏在手上，但也不能再加麵粉。要記住一個原則：手粉是整形時用的，不是揉麵時用的，只要把麵團揉到擴展、完成階段，就不會再黏在桌上、手上了。

每個人的力量不同，用手揉一份1公斤左右的麵團，所花的時間從10分鐘到超過30分鐘都有可能。

發酵

發酵

發酵，主要指酵母菌的繁殖，其簡式如下：

$$糖 \xrightarrow{\text{酵母菌}} 酒精 + 二氧化碳$$

發酵是做麵包最重要的步驟，因為酒精和其它產物會帶給麵包獨特的香味，二氧化碳更是麵包蓬鬆的主因。

發酵的方法其實就是等待，給酵母時間去繁殖。一份麵團要經過三階段的發酵，就是三階段的等待：基本發酵、中間發酵、最後發酵。

基本發酵就是麵團揉好後的發酵，時間比較長，讓酵母充份地繁殖，麵團裡就會有足夠的酵母來產氣——雖然揉麵團時直接多加酵母也可以，但缺少酵母繁殖所產生的風味。

基本發酵

有時候基本發酵時間太長了，酵母產生的酒精和二氧化碳使自己繁殖困難，這時我們把麵團裡的氣體壓出來，可促進酵母再度發酵，這個動作叫做「翻麵」。（翻麵詳細示範請見DVD）

雖然麵包食譜都會指定基本發酵的時間，但不一定要死守時間，應該學會判斷發酵的程度。用手輕按麵團，如果覺得虛軟，按痕幾乎不會恢復，

就是發酵完成了。如果按痕會慢慢恢復就是還沒發好,麵團一碰就會塌下就是發酵過度。(麵團如果很溼黏,手指可先沾點乾粉以免黏住)。請見DVD基本發酵單元。

也可以從麵團的脹大看出發酵的程度,只是到底脹大多少才夠,很難用肉眼判斷。

中間發酵就是把麵團分割、滾圓以後,要靜置一段時間才能拿來整形。這段時間的主要功能倒不是讓酵母菌繁殖,而是讓因為分割滾圓而緊繃的麵筋鬆弛,所

中間發酵(靜置鬆弛)

以我通常稱為「鬆弛」而不是「中間發酵」。

鬆弛需要多少時間很難說,從5分鐘到數十分鐘都有可能,環境越冷、麵團越大,需要的時間越長;遇到天氣熱、麵團小,等最後一個麵團滾圓好,第一個麵團可能已經鬆弛夠了。

總之,只要覺得麵團不再太過緊繃,容易整形或包餡即可。沒鬆弛夠的麵團硬要整形或包餡,往往會拉扯到破裂。

最後發酵就是整形、包餡後的麵包,因為氣體幾乎都被擠出了,所以要再發酵一段時間使之充氣膨脹,才能烤焙。

最後發酵程度決定麵包的軟硬,判斷的方法和基本發酵一樣,用手輕按,如果麵團非常虛軟,按痕完全無

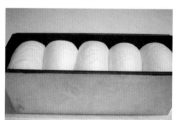
最後發酵

法恢復,烤好的麵包一定鬆軟;如果想要吃較扎實的麵包,就在麵團還有彈性時結束發酵,開始烤焙。

基本發酵其實也有不同的方法,本書都是把全部材料攪打後進行基本發酵,這叫做「直接發酵法」,另有「中種發酵法」、「快速發酵法」,也很常用。

中種發酵法簡單的說,是把大約半量的水份、麵粉和酵母,加上少許的糖,攪拌成一團,大致均勻即可,這叫中種麵團。

讓中種麵團進行基本發酵,時間比直接發酵法久,然後加入配方裡剩下的其它材料(省去酵母),攪打到擴展或完成階段,這叫主麵團。把主麵團鬆弛一下,就可以分割、滾圓。

中種發酵法可能起源於傳統的老麵發酵法。中種麵團因為沒有加鹽、油脂,容易發酵,又發酵的久,一定發酵過頭,再加上另一半未發酵過的材料,兩者可以互相平衡。

這樣做的好處是麵包比直接發酵法細緻些,發酵味道重些,而且中種麵團發酵的時間長短有彈性,比較能配合自己的時間,例如在臨睡前打好中種麵團,放在比較涼的地方發酵一夜,第二天早起再繼續打主麵團。

不過直接發酵法不但簡單,而且發酵氣味比較淡所以材料本身的香味反而比較明顯。兩種發酵法各有優缺點,讀者可視情況選擇。

快速發酵法是趕時間才用的方法,就是省略基本發酵,麵團打好,鬆弛一下就開始分割、滾圓。快速發酵法必需加兩倍的酵母,還有最後發酵的時間可能會拖長。

快速發酵法的最大缺點是發酵香味薄弱。像甜麵包、金牛角這些成份高的麵團,用快速發酵法影響不大;但成份低的白土司、法國麵包等,本來品嚐重點就在其發酵香味,實不宜用快速發酵法。

溫度與溼度

溫度、溼度對酵母等微生物的繁殖有極大的影響，所以做麵包不可忽略溫度、溼度。

酵母喜歡溫暖潮溼的環境。我們覺得最舒適的溫度溼度，大約是25℃、相對溼度60%，所以所謂「溫暖潮溼」，大概是26~30℃，相對溼度70~80%，麵團本身的溫度和所處環境的溫度溼度，若能維持在這個範圍裡，酵母就能生長和繁殖的很好。

此外，在這個範圍裡慢慢提高比慢慢降低或忽高忽低更好，麵團整體的溫度會更平均，充氣也就更平均，而且能正好在膨脹得最快的時候進入烤箱把它烤定形，麵包就會又大又端正。

所以在本食譜中，除非特別註明，打好的麵團約為26℃

基本發酵 ─── 環境溫度約28℃
相對溼度70%
發酵完成時麵團約為28℃

最後發酵 ─── 環境溫度約38℃
相對溼度80%
發酵完成時麵團為30℃以上

中間發酵的目的是鬆弛，不必太介意溫度。

最後發酵環境為何要高到38℃，是因為把麵團分割整形時，難免溫度會稍降，所以要放在較熱的環境裡最後發酵，麵團溫度才能較快地上升，以免最後發酵費時太久。

其實麵團在更低或更高的溫度下也能發酵，只是溫度越低發酵就越慢，溫度越高發酵就越快。（當然，若是麵團被冷凍，或熱到50℃讓酵母死亡，就會停止發酵）

不同的發酵溫度會使麵包的風味不同，因為我們無論用什麼酵母做麵包，都不只是單一菌種，每種菌喜歡的溫度不同，溫度高時可能A菌比B菌繁殖的好，溫度低時B菌比A菌繁殖的好，於是產生不同的風味。

我們可以利用這點做出自己喜歡的麵包風味，也可以利用這點來配合自己的工作時間，例如發現麵包必需基本發酵2小時，但算一算只有1小時可用，就放在比28℃高的溫度下發酵；或者把麵團整形後覺得累了，就將之包好（要留膨脹空間），放在冰箱冷藏室裡進行最後發酵，第二天再取出烤焙。

這樣做，麵包的風味多少會與發酵溫度正常者不同，但總不會太難吃，若實在覺得不合口，下次別再這麼做即可，每個人的口味都不同，總要自己試試才知道。

麵團溫度的控制

為了打出溫度正確的麵團，精確的作法是依氣溫、材料溫度、製做數量和攪拌機的生熱系數，計算出應該用幾度的水去和麵。

溫度計

但這是理論，在家裡做少量的麵包不需如此費事去計算，依賴自己的感覺更方便，而且感覺會隨著經驗增加而越來越準確。

溫度溼度計

初學者買支溫度計也不錯，可以幫助建立正確的感覺，只要能測量50℃的短溫度計即可，水族店有售，如果更講究就買個溫度溼度計。

人類正常的體溫約37℃，摸到20℃的水會覺得冷，摸到40℃的水會覺得溫。麵團打好應該是26℃，用手摸26℃的麵團會覺得涼涼的，不是冰冰的也不是溫溫的，這樣就可以了。

天氣熱的時候用冰水打麵團，天氣冷就用冷水。如果用攪拌機打又需要打到完成或擴展階段，

摩擦生熱會使麵團溫度上升，就要用更冷的水，冰水換成冰塊水，冷水換成冰水。反之，如果用手揉麵團，又遇到氣候寒冷，就要用溫水。

奶油必需等其它材料都拌勻才能加入，正好可以用來調整麵團溫度。加奶油前摸摸麵團，若不夠涼，就加切塊的冰奶油；若覺得太冷，就把奶油加熱融化再倒入。

發酵溫度的控制

控制發酵溫度溼度，當然以使用發酵箱最方便，沒有發酵箱可以「自製」合適的環境，本書所有麵包的製做都沒有用到發酵箱。

基本發酵環境應為28℃，最後發酵環境應為38℃，其實這就差不多是夏天的室內、室外溫度，所以夏天發酵最簡單，基本發酵放在室內、最後發酵放在室外即可（陽台、窗台等地方），但要妥善遮蓋以免麵團變乾或招惹蚊蟲。

天氣冷時得找個溫暖的地方發酵，手伸進去覺得像夏天的室內，就是28℃左右，手伸進去覺得像夏天的室外，就是38℃左右，實在感覺不出來，就拿溫度計測量一下。

「溫暖點的地方」非常多，就連被窩也行，以前人常把麵團連盆包好放在被窩裡基本發酵，不過最後發酵就不能這麼做，除非像土司那樣裝在模子裡。

烤箱、蒸籠、微波爐、大保麗龍箱子甚至烘碗機，只要在下方加盤熱水，就可以當成發酵箱。

其實只要不趕時間，完全不理會發酵溫度也沒關係，人能居住的室溫總不會冷到結冰或熱到50℃。如前段所言，室溫高就發酵短一點，室溫低就發酵久一點，只要依據上一章節有關發酵程度的判斷，讓麵團發到足夠的程度即可。

有時一次打好的麵團需要分成兩三盤烤焙，最後發酵時應該將這兩三盤放在溫度不同的環境裡，例如第一盤放在烤箱裡，下面加盤熱水，第二盤放在溫暖的廚房，第三盤放在常溫的客廳；烤焙時依第一、第二、第三盤的順序烤，則三盤的發酵程度會比較接近，烤出的麵包不會差異太大。

發酵溼度的控制

麵團本身有足夠的溼度，所以只要能把麵團蓋好，不讓水份蒸發（要留足夠的膨脹空間），就不必擔心溼度問題。

但這比較適用於基本發酵。基本發酵時把麵團放在攪拌缸或大盆子裡，用鍋蓋或塑膠袋蓋好，就能保持麵團的溼度。

中間發酵時很少控制溫度溼度，不過如果環境非常乾燥，中間發酵時間又長，應該拿張烤  盤布輕輕蓋在麵團上，以免麵團表面結硬皮。

最後發酵最好的方法還是在烤盤下面加盤熱水，同時保溫又保溼，而且溼氣導熱很快，最後發酵的效果會非常好。

要在「烤盤下方加盤熱水」，就屬用烤箱最方便，所以我都是用烤箱做最後發酵，只要記得開始預熱時得將麵團取出。

最後發酵時想要「蓋好不讓水份蒸發」來保持溼度不太容易，除非烤盤本身有附蓋子，但蓋上蓋子會讓發酵變得很慢，因為外界的38℃不容易傳入蓋子裡。

烤箱

烤箱（oven）

任何烤箱都可以烤麵包，即使再原始簡陋，只要使用者會控制火力就可以烤出成功的麵包。越沒經驗的人越不會控制火力，就需要比較好的烤箱，所謂好就是溫度正確，調成幾度就能保持在幾度。

越新、價位越高的烤箱，溫度通常越正確，但即使懷疑自己使用的烤箱溫度不正確，也不見得需要重買一台昂貴的烤箱，買一個爐內溫度計即可。

選購新烤箱時，首先要考慮容量，在「攪拌機」章節裡有表格可供參考。不過，雖然任何烤箱都可以烤麵包，太小的烤箱並不實用，30公升已是下限。做麵包很花時間，一次做太少不划算，吃不完的麵包可以冷凍保存很久，解凍就恢復美味。

一個烤箱至少該附有兩個烤盤和一個烤架，如果常常做歐式麵包，如口袋麵包、法國麵包、披薩等，加買一塊石板有其必要。

小烤箱（toaster oven 或 oven toaster）

顧名思義，toaster oven 就是介於烤麵包機和烤箱之間的小家電。它的容量小又不能定溫，不適用於烘焙，包括烘焙麵包，但還是有其用途。

因為它容量小，幾乎可以不用預熱，而且火力集中，烤一些薯條、幾根香腸，或者回烤幾片土司、披薩，很快就可以烤得金黃香脆，比用大烤箱效果好又省電。

烤焙

使用烤箱的基本要領是：烤箱要預熱，烤盤上的食物要大小一致、排列整齊均勻，烤焙正確的時間，選擇正確的溫度，調整上下火比例。

一、烤箱預熱

使用烤箱，應該先加熱到指定的溫度，再把待烤物放入，才能得到最好的效果。

不過對麵包來說，如果使用的是預熱很快的烤箱，例如不到十分鐘就可以加熱到指定的溫度，這樣沒有預熱還算可以，最嚴重的影響只有麵包必需多烤幾分鐘，水份蒸發得多一點。

二、麵包的排列狀況

麵包排在烤盤上進行最後發酵時，一定要排整齊，每個之間有間隔，因為最後發酵加上烤焙，麵包會變大很多。

三、確定烤焙時間

每份麵包食譜都會指定烤焙時間，時間長短是由經驗來決定的，參考因素包括：

1. 麵包的大小厚薄。越大越厚的麵包，一定需要烤越久。
2. 麵包的成份。成份越高（糖油含量高），就需要越長的時間。
3. 是否用烤模。包裹在厚重的烤模裡，烤焙時間就得增長，例如土司。
4. 對這種麵包的偏好。有些麵包傳統上應該慢烤烤到乾硬，有些麵包則應該快烤以保持水份；有些麵包習慣烤到棕黑色，有些只需要烤到淺米黃。
5. 是否有蒸汽功能。烤法國麵包用的蒸汽烤箱，噴蒸汽的時間表面不會著色，所以總烤焙時間會比沒有蒸汽的烤箱長。

EASY COOK

「天然手作麵包101道」周老師的美食教室：

100%安全食材，清楚易懂步驟圖，享受自家烘焙的安心與健康

作者　周淑玲

出版者 / 大境文化事業有限公司　T.K. Publishing Co.

發行人　趙天德

總編輯　車東蔚

文案編輯　編輯部　美術編輯　R.C. Work Shop

攝影　Toku Chao　步驟圖攝影　周淑玲

台北市雨聲街77號1樓

TEL：(02)2838-7996　FAX：(02)2836-0028

法律顧問　劉陽明律師 名陽法律事務所

初版日期　2013年4月　出版一刷　2014年4月

定價　新台幣450元

ISBN-13：978-957-0410-99-0　書　號　E86

讀者專線　(02)2836-0069

www.ecook.com.tw

E-mail　service@ecook.com.tw

劃撥帳號　19260956 大境文化事業有限公司

「天然手作麵包101道」周老師的美食教室：

100%安全食材，清楚易懂步驟圖，享受自家烘焙的安心與健康（附120分鐘DVD）

周淑玲　著 初版. 臺北市：大境文化，2013[民102]

160面；19×26公分. ----(EASY COOK系列；86)

ISBN-13：9789570410990

1.點心食譜　2.麵包

427.16　　102004286